葡萄优良品种

白奥林

白罗莎里奥

碧香无核

东方之星

弗蕾无核

黑色甜菜

葡萄优良品种

红巴拉蒂

金手指

金田美指

京玉

巨玫瑰

克瑞森无核

葡萄优良品种

美人指

蜜汁

摩尔多瓦

茉莉香

维多利亚

夏黑

葡萄优良品种

夏至红

香悦

阳光玫瑰

早黑宝

昭平红

紫香无核

葡萄园

丰产葡萄园

设施葡萄园

生态环境优良的葡萄园

硕果累累

休闲观光葡萄园

优质葡萄园

栽培技术

葡萄良种改接

葡萄套袋

葡萄育苗圃

设施葡萄育苗

葡萄病虫害物理防治

葡萄包装

栽培技术

避雨栽培

防鸟网

棚架栽培葡萄

葡萄长廊

葡萄大观园

葡萄棚架栽培

成绩斐然

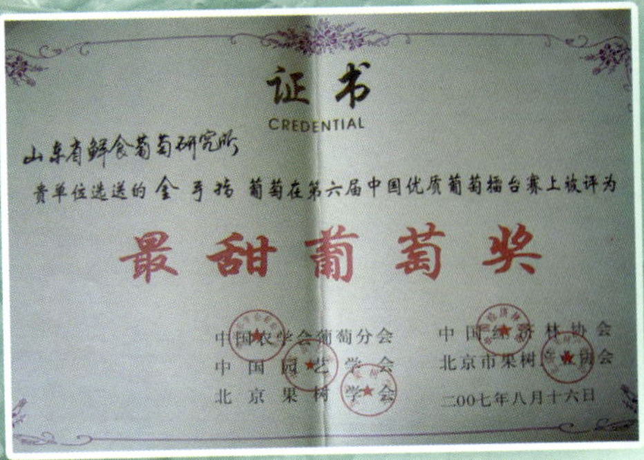
证书

CREDENTIAL

山东省鲜食葡萄研究所

贵单位选送的金手指葡萄在第六届中国优质葡萄擂台赛上被评为

最甜葡萄奖

中国农学会葡萄分会　　中国经济林协会

中国园艺学会　　北京市果树[illegible]协会

北京果树学会　　二○○七年八月十六日

获评最甜葡萄状元奖

建立首家民间葡萄博物馆

科研基地

与意大利葡萄专家交流

获评葡萄科技状元

获评全国最甜葡萄状元奖

葡萄无风险栽培技术

昌云军　张书辉　主编

中国农业大学出版社
·北京·

内 容 简 介

本书是作者针对当前投资葡萄产业存在的诸多风险，根据多年从事葡萄研究和实践经验总结而成的。全书分为13章，分别介绍了葡萄无风险栽培中的品种选择、标准化管理、病虫害防治、保护地栽培、采后处理及贮藏、葡萄园改造与更新等关键技术，以及绿色食品葡萄、观光休闲葡萄园的建设、大泽山葡萄及标准化栽培管理技术等内容。全书探讨了无风险栽培这一理念和关键技术，科学性和可操作性强，可为葡萄产业的从事者提供重要参考。

图书在版编目(CIP)数据

葡萄无风险栽培技术/昌云军，张书辉主编. —北京：中国农业大学出版社，2012.4

ISBN 978-7-5655-0487-7

Ⅰ.①葡… Ⅱ.①昌…②张… Ⅲ.①葡萄栽培 Ⅳ.①S663.1

中国版本图书馆 CIP 数据核字(2012)第 021836 号

书　名　葡萄无风险栽培技术
作　者　昌云军　张书辉　主编

策划编辑	赵　中	**责任编辑**	韩元凤
封面设计	郑　川	**责任校对**	陈　莹　王晓凤
出版发行	中国农业大学出版社		
社　　址	北京市海淀区圆明园西路2号	**邮政编码**	100193
电　　话	发行部 010-62818525,8625	读者服务部	010-62732336
	编辑部 010-62732617,2618	出　版　部	010-62733440
网　　址	http://www.cau.edu.cn/caup	**e-mail**	cbsszs@cau.edu.cn
经　　销	新华书店		
印　　刷	北京时代华都印刷有限公司		
版　　次	2012年3月第1版　2013年7月第2次印刷		
规　　格	850×1 168　32开本　6.5印张　160千字　彩插4		
定　　价	16.00元		

图书如有质量问题本社发行部负责调换

主　　编　昌云军　张书辉

副 主 编　高文胜　陈宏坤　李伟英

参编人员　王连起　王星英　王景周　董淑华　潘月庆
郭夕英　林洪荣　荆志强　徐升论　高建波
赵伟杰　王兵堂　张素芹　魏艳杰　姜胜国
崔汉亮　李振山　徐红旗　贾宝团　陈　光
于明河　王效俊　王延初

前　言

葡萄是深受人们喜爱的水果,在世界水果生产中占有很重要的地位。2010 年全国葡萄种植面积 55.2 万 km^2,产量达到 854.9 万 t,分别占全国水果栽培面积和总产量的 4.9%、6.6%,是我国第六大水果。

随着我国农业结构的调整,包括葡萄产业在内的果品业在农村经济中的地位越来越重要。由于我国大部分地区适宜葡萄的生产,葡萄产业又是劳动力密集型种植项目,因此是我国有竞争力的农产品之一。在这种新形势下,广大葡萄种植者需要在了解更多的信息,掌握更多的新品种、新技术的同时,尽量避免各种种植风险,才能获得更高的经济收入。

作者长期生活在我国著名的葡萄产区——青岛大泽山,根据多年从事葡萄栽培的实践经验,针对当前投资葡萄产业存在的诸多风险,编写了《葡萄无风险栽培技术》一书。所谓无风险栽培,只是一种理念,就是通过科学、合理地选择品种和栽培模式,综合配套的管理技术,将风险降到最低、最小;同时,辅以多元化的经营理念和营销策略,增加产品的附加值,实现葡萄种植效益的最大化。该书所表明的观点,仅是作者对葡萄种植的热爱和理解,称之为事业心和责任感吧。

《葡萄无风险栽培技术》一书共 13 章,从栽培品种、优质高效栽培技术、无害化病虫综合防治技术和产后处理技术等几个方面系统介绍了葡萄生产的产前、产中和产后系列无风险栽培实用技术。全书以优质无风险栽培技术为主线,突出葡萄生产中的新成果、新技术与传统经验和常规技术的有机结合。本书内容新颖,重点突出，技术先进，科学实用，浅显易懂，适合从事葡萄生产、贮藏加工的广大果农及科技人员阅读参考。本书由多位生产第一线的葡萄工作者编写，昌云军同志主持编写了第一、二章；陈宏坤同志主持编写第十一、十二章；李伟英同志主持编写了第十三章；其他章节主要由张书辉同志主持编写，其他参编同志参与了资料的提供和相关章节的编写。高文胜博士对全书进行了统稿。

由于水平和时间所限，书中难免有缺点和不足之处，敬请广大读者批评指正！

编　者

2012 年 1 月

目　录

第一章　葡萄无风险栽培综述

葡萄是落叶果树树种中产生经济效益最高、最快的产业之一。近几年，随着大量社会资金投入和种植队伍的扩大，葡萄的销售价格不断攀升，所产生的经济效益逐年提高。以浙江为例，不少以制造业为主的中小企业纷纷转行投资葡萄产业。如种植 100 亩(1 亩＝666.7 m^2，下同)葡萄，正常年份收入可达到 100 万元以上，投资风险少，经济收入稳定。尝到甜头的人们首先考虑的是扩大种植规模，许多人有眼光的老板还到外地拓展，到云南投资者居多，使当地的土地租赁费每亩涨到了 2 000 元以上。由此，所引发的全国葡萄种植热，吸纳了许多社会资金的注入，加速了葡萄产业的规模化、产业化。使上海、浙江、江苏等“长三角”地区，成为了南方“避雨栽培”优质葡萄生产的集中产区。

大量的社会资金投资葡萄种植，在创造了很高的社会、经济、生态效益的同时，使投资者获得了可观的财富。山东老汉单传伦只身闯上海种植葡萄，在嘉定马陆成功建成了国家 AAA 级旅游景区“上海葡萄主题公园”，举办了十几届葡萄节，带动了上海葡萄的快速发展，“马陆葡萄”、“传伦葡萄”成为上海的一张名片；重庆小伙吴小平投资种植葡萄 100 多亩“巨玫瑰”，由于管理得当，营销有方，每千克葡萄的市场售价格几十元钱，“小平葡萄”成了响当当的重庆品牌；江苏江阴市璜土镇农民戴志兴，采用避雨栽培“美人指”葡萄，获得了成功，亩收入达 7 万～8 万元，让在北方很难管理的品种，在江苏获得规模发展，成为了当地的特色农业；浙江农民科学的种植“醉金香”葡萄，使这个在北方地区没有被引起重视的品种，产品成为了当地的主打品牌；山东省鲜食葡萄研究所重点打造的“金手指”葡萄品牌，产品连续多年的销售价格每千克在100元以上，创造了老区种植葡萄的最高价值；河北石家庄的孟深、辽宁铁岭的王文选、江苏句容的方继生等种植老品种“巨峰”，控制产量、提高品质，每千克卖到20元以上，让老葡萄品种焕发出新的活力；江苏、浙江、重庆、广西、云南、四川、福建、湖南等不太适合种植葡萄的地区，采取避雨栽培“夏黑、红地球、巨峰”等品种，种出了品质很好的产品，规模在不断地扩大；金手指、醉金香、夏黑、美人指、巨玫瑰、维多利亚、藤稔、红罗莎里奥、圣诞玫瑰、金田美指、摩尔多瓦、克瑞森无核、无核白鸡心、红宝石无核等许多以前连名字都未听说的葡萄，变成了人们餐桌上的常客。

在葡萄大发展的同时，选择品种的盲目性和管理技术的缺乏性，也往往会带来许多的问题和挑战。20世纪80年代末到90年代初全国发展红提葡萄，适宜种植的地区获得了较高的经济效益，但失败的例子也不少。如山东潍坊地区某镇大力发展红提葡萄，政府重视，在几年间面积扩张到很大，并审评了“中国红提葡萄第一镇”，举办了“红地球葡萄节”，一时间轰轰烈烈。但由于对红提葡萄生长特性了解不够，病虫防治措施不力，加上自然灾害等危害，现在该地区基本上看不到红提葡萄了。湖南某地区通过招商引资，把发展红提葡萄作为农民增收的切入点，通过政府引导、宣传，并在政策、资金上大力支持，让从没种过葡萄的农民发展了大面积的红提葡萄。由于该品种很难适应南方高温多雨的气候条件，加上当地农民缺乏种植葡萄的习惯和经验，最终，失败在所难免。

国内葡萄栽培的品种繁多，品种的起源和亲本的来源不同，对生态环境的适应性有明显的差别。每个品种对气候条件、土壤质地的选择是不一样的，只有栽培在最适合的环境里，才能生长发育良好。比如红提是欧亚种，非常易得霜霉病、黑痘病；克瑞森无核生长势旺、花芽分化差，结果率低，在高温多湿的南方很难自然生长和种植成功；皇家秋天枝条脆、易折断，北方埋土防寒地区很难管理;红宝石无核不耐寒,很多地区越冬易发生冻害;巨玫瑰葡萄继承了亲本大粒玫瑰香的特点,不抗霜霉病和水罐子病等。

大泽山葡萄栽培历史悠久,在长期的生产实践中,培育了“泽香”、“泽玉”、“农科一号”等诸多的优良品种,积累了丰富的栽培知识和管理经验,为中国葡萄产业的发展做出了一定的贡献。

我国鲜食葡萄面积、产量居世界首位,因此研究鲜食葡萄栽培管理,提高产量和品质,对满足人们的生活需求,增加果农经济收入,具有重要的意义。在葡萄栽培中,常见受自然、经济条件的限制,以及管理粗放等因素的影响,在灾害面前所表现的科技含量较低,栽培风险较大等问题。《葡萄无风险栽培技术》即指种植葡萄必须以现代科学技术为支撑,不断地引进新的生产要素,新的经营管理理念,来破解自然灾害对种植所造成的危害,解决经营者最关心、最直接、最现实的经济效益问题。该书涵盖了对国内外所引进品种的试验、示范,以及当地栽培品种的选择、搭配;采用最适宜的栽培模式、架式,配合规范、标准的管理技术,来达到消除风险或阻止风险发生的条件,使所栽培的葡萄免受气候突变的危害,降低灾害发生的几率,实现目标化管理,达到产品的外观、内在品质优良,增加经济收入。内容包括:事先预防和事后补救两个方面;“早、中、晚”品种 与“红、黄、紫、黑”颜色的合理搭配;“促早、延迟、限产、避雨、套袋、防鸟、防寒、限根、起垄”等栽培模式与“篱架、棚架、篱棚架”等栽培架式。

我国是一个自然灾害发生频繁的国家,各地葡萄集中产区的种植园艺场、专业合作社、农户都不同程度受到大自然突变所造成的危害,造成严重的经济损失。究竟选择哪一个品种,采取哪一种栽培方法、模式、架式适用可行,或性价比最高?这不仅要考虑到投资风险的大小与成本高低的控制,还要考虑到当地的气候条件、地理环境、传统的种植习惯、管理经验,以及未来产业的发展规划、前景等各个层面的诸多问题。

纵观国内葡萄产业的培植壮大与发展，其优秀的品质都离不开四大要素的支撑，那就是“优良的品种、先进的栽培管理技术、丰富的文化内涵、持续发展创新的能力”。大泽山葡萄正是凭借这四个要素，跻身于中国“西有吐鲁番、东有大泽山”知名葡萄品牌的前列，带动了国内一大批葡萄种植的园艺场、专业合作社、农户追求无风险、高品质的栽培管理技术。

作为中国鲜食葡萄产业的领军者，早在20世纪80年代中期，大泽山地区的科技工作者率先提出了“一、二、三”栽培法，即“当年壮苗、二年结果、三年丰产”，推动了产业的快速发展；90年代，成功创建了“大泽山”葡萄品牌；进入21世纪，大泽山地区建设拥有了一流的绿色葡萄生产基地，奠定了在产业中的核心竞争力；成为国内栽培规模大、品质最优的鲜食葡萄集中产区。为了获得最佳的葡萄品质，大泽山产区对种植农场、专业合作社、科技带头户实行了严格的目标化产量管理，保证了留下的每串葡萄都能获取充足的营养。在北方地区较早运用了葡萄“促早、延迟、避雨、防寒、限产、起垄、限根”等栽培模式，“篱架、棚架、篱棚架”等栽培架式；同时建立了完善的葡萄产品质量安全控制体系，对产品进行严格的化肥、农药残留检测，先后投资500多万元，购置检测分析仪等先进的设备，用于对葡萄产品质量安全指标的检测，只有达到了质量标准的产品才能进入市场，实现了生产全过程的检测和质量控制，确保消费者手中的每一穗一粒葡萄，都是安全、营养、健康的绿色食品。如今，大泽山葡萄作为知名品牌走向了全国各地，成为大泽山的一张“名片”。大泽山地区扮演着葡萄文化、科技的传播者，与全国“五大”葡萄产区一起，大步走向国际和国内两大市场，成为主流市场的中国品牌葡萄。

高端市场一直是国内外葡萄产区争夺的主战场。其中，城市中的大、中型超市，已成为高档葡萄销售的主流。大泽山葡萄率先通过国家地理标志保护产品认证和地理证明商标认证。2006年，芝莱山葡萄观光园生产的“金手指”葡萄，经山东电视台现场测糖26.1度，平度市公证处现场测糖28.3度，其精包装产品在青岛佳世客超市每盒(500 g)售价268元；连续两届在中国优质葡萄擂台赛上获得“中国最甜葡萄状元奖”；2011年当地市场平均销售60元/500 g，经济效益较高，率先进入高端销售市场。

中国是世界上鲜食葡萄生产最多的国家，传奇的历史，使以吐鲁番、大泽山为代表的中国葡萄充满了更多的文化魅力。大泽山葡萄在膨胀规模、提高品质、追求高产值的同时，在与国内葡萄发达地区的交流中，既潜心学习先进技术，又不盲目跟风，始终遵循着自己的发展特点和规律。以山东省鲜食葡萄研究所为主体，联合部分园艺场、葡萄庄园、专业合作社和科技带头户，在“玫瑰香”、“泽香”、“金手指”等主栽品种上，推广应用了更适合国人种植的无风险、高品质葡萄栽培管理技术，取得了小灾面前不减产，大灾面前不减收的骄人业绩。大泽山葡萄产区的种植者，每次走出去参观、学习、考察，都能够从各地学习到很多的先进经验和管理知识，不断丰富着自己的文化内涵。

创新是葡萄产业持续发展的不竭动力。以新的思维、新的科技、新的经营理念，不断提升葡萄种植者科技素质和实践能力，增强主观能动性和创新能力，将推动大泽山葡萄产业的持续发展和不断创新进步。大泽山葡萄作为一个具有地方特色的经济作物，在持续发展的过程中离不开科技的思维和意识的创新。因此，把大泽山建设成中国科技、示范、精品、标准的葡萄园，创新的因素至关重要。

第一节　种植成本与收益

现代葡萄栽培管理是用科学技术支撑的高效产业，需要不断地学习、引进新的生产要素，新的经营管理理念，破解生产发展过程中的技术难题，追求经营者最关心，最直接，最现实的经济利益。究竟种植一亩葡萄的生产成本是多少？收益是多少？这是投资者在种植前必须搞清楚的问题。

葡萄为多年生的藤本植物，建园初期首先要做好周密科学的规划、设计；其次，要做好深翻整平土地、挖深沟施基肥、栽植立柱、选择苗木等前期基础工作。通常把建园的一次性投入称为“建园成本”；建园后的每年投入（农药、化肥、水电）等称为“物资成本”，投入的劳动力称为“人工成本”。

我国地域辽阔，各葡萄产区的自然气候条件、农耕文化、栽培管理、消费水平等差异较大，在特定的区域和自然环境条件下种植葡萄，其投入的物料及生产成本有明显的差别。本章“表格”引用穆维松老师等所编著的“中国葡萄产业经济研究”一书，采用 2009 年国家葡萄产业技术体系的调研数据，权威性很强。表 1-1 至表 1-4 详细介绍了各省、市、自治区露地和设施葡萄的栽培成本和收益情况；表 1-5 至表 1-8 对鲜食葡萄和酿酒葡萄作了详细的调查；表 1-9 对不同用途的葡萄做了分类，供大家参考。掌握和了解国内权威部门发布的信息数据，为我们选择怎样种植葡萄提供了科学的依据。

表 1-1　全国各产区露地栽培葡萄生长成本及其构成

省份	总成本（元/亩）	建园成本（元/（亩·年））	物质成本（元/亩）	人工成本（元/亩）
浙江	5 646.02	1 115.89	3 141.64	1 388.49
江苏	4 619.29	978.13	2 131.44	1 509.72
广西	4 202.89	353.21	2 145.00	1 704.68
四川	3 954.27	471.73	1 609.56	1 872.98
北京	3 832.15	331.09	1 216.18	2 284.87

续表 1-1

省份	总成本（元/亩）	建园成本（元/(亩·年)）	物质成本（元/亩）	人工成本（元/亩）
河南	3 516.97	474.73	1 468.03	1 574.22
辽宁	3 215.48	693.82	1 216.75	1 304.90
天津	3 184.49	271.33	1 557.03	1 356.13
陕西	3 138.57	402.62	1 868.15	867.80
山东	3 135.73	481.08	1 764.35	890.30
河北	3 118.18	502.58	1 473.69	1 141.91
甘肃	3 012.36	530.20	1 124.91	1 357.26
吉林	2 814.39	620.58	1 161.25	1 032.56
山西	2 768.76	332.64	991.76	1 444.36
宁夏	2 512.57	205.91	1 130.27	1 176.38
湖北	2 135.17	479.98	957.07	698.12
新疆	2 030.26	495.23	855.58	679.45
内蒙古	740.00	205.00	315.00	220.00
全国露地栽培平均	3 040.23	498.62	1 366.83	1 174.78

表 1-2 全国各产区露地栽培葡萄种植收益

省份	净利润(元/亩)	单价(元/500 g)
浙江	9 995.75	3.64
江苏	9 513.84	6.92
山东	8 093.64	2.23
广西	7 023.74	3.35
山西	6 351.16	2.85
陕西	4 976.78	2.34
辽宁	4 648.76	2.25
湖北	1 019.28	2.12
天津	3 496.59	2.18

续表 1-2

省份	净利润(元/亩)	单价(元/500 g)
北京	3 437.51	4.34
吉林	3 292.47	2.74
河北	3 276.60	1.83
甘肃	3 232.33	1.62
河南	3 110.81	2.48
新疆	2 618.69	1.31
四川	2 107.44	1.90
内蒙古	1 850.00	1.00
宁夏	1 348.53	1.52
全国露地栽培平均	4 365.02	2.48

表 1-3　全国各产区设施栽培葡萄生长成本及其构成

省份	总成本(元/亩)	建园成本(元/(亩·年))	物质成本(元/亩)	人工成本(元/亩)
北京	8 982.57	1 069.71	6 170.00	1 742.86
上海	8 956.67	1 556.67	4 700.00	2 700.00
天津	8 109.61	2 585.55	2 943.77	2 580.00
四川	6 446.89	1 687.20	2 934.06	1 825.64
河北	6 377.53	2 546.28	1 812.50	2 018.75
浙江	5 604.38	1 373.58	2 479.87	1 750.93
辽宁	5 320.55	2 461.41	1 755.57	1 103.57
江苏	5 207.91	1 704.02	1 991.11	1 512.78
广西	4 820.40	784.08	1 932.80	2 103.51
吉林	3 894.43	816.55	1 181.90	1 895.98
全国设施栽培平均	5 814.43	1 467.16	2 466.46	1 880.81

表 1-4　全国各产区设施栽培葡萄种植收益

省份	净利润(元/亩)	单价(元/500 g)
河北	19 187.50	4.63
北京	18 885.71	25.71
辽宁	14 974.00	5.81
江苏	12 561.67	8.44
四川	12 221.51	8.90
吉林	10 947.86	3.87
浙江	8 908.91	4.64
广西	7 885.82	4.01
上海	7 400.00	13.10
天津	5 231.42	4.19
全国设施栽培平均	9 934.16	5.99

表 1-5　全国各产区鲜食葡萄的生长成本与构成

省份	总成本(元/亩)	建园成本(元/(亩·年))	物质成本(元/亩)	人工成本(元/亩)
上海	8 956.67	1 556.67	4 700.00	2 700.00
浙江	5 611.62	1 328.76	2 594.96	1 687.89
四川	5 449.84	1 201.01	2 404.26	1 844.57
天津	5 236.75	1 007.98	2 051.56	2 177.20
江苏	4 689.93	1 065.24	2 114.60	1 510.09
北京	4 615.91	443.49	1 970.02	2 202.39
广西	4 604.76	633.62	2 006.90	1 964.24
辽宁	3 917.83	1 036.47	1 450.26	1 431.10
甘肃	3 740.53	568.22	1 409.52	1 762.79
吉林	3 592.69	730.60	1 346.53	1 515.56
河北	3 584.85	659.78	1 671.21	1 253.86
河南	3 516.97	474.73	1 468.03	1 574.22

续表 1-5

省份	总成本（元/亩）	建园成本（元/（亩·年））	物质成本（元/亩）	人工成本（元/亩）
山东	3 373.63	423.56	2 003.41	946.66
陕西	3 365.84	444.08	1 979.15	942.61
山西	3 086.95	335.90	1 237.20	1 513.86
湖北	2 135.17	479.98	957.07	698.12
新疆	2 023.56	527.22	829.87	666.47
宁夏	1 582.63	252.63	680.00	650.00
内蒙古	740.00	205.00	315.00	220.00
全国食品葡萄平均	3 981.77	785.76	1 737.19	1 458.82

表 1-6　全国各产区鲜食葡萄种植收益

省份	净利润(元/亩)	单价(元/500 g)
山东	10 274.67	2.61
江苏	9 879.58	7.10
浙江	9 097.92	4.47
山西	8 284.52	3.35
四川	8 175.88	6.10
广西	7 884.78	3.78
上海	7 400.00	13.10
辽宁	7 042.96	2.65
吉林	5 808.85	3.72
河北	5 789.36	2.27
北京	5 788.33	7.59
陕西	5 570.45	2.48
甘肃	4 657.22	1.99
天津	4 566.29	3.49
湖北	4 019.28	2.12
河南	3 110.81	2.48

续表 1-6

省份	净利润(元/亩)	单价(元/500 g)
新疆	2 764.65	1.24
宁夏	2 200.00	1.90
内蒙古	1 850.00	1.00
全国露地葡萄平均	6 417.31	3.69

表 1-7　全国各产区酿酒葡萄的生产成本与构成

省份	总成本(元/亩)	建园成本(元/(亩·年))	物质成本(元/亩)	人工成本(元/亩)
河北	2 897.71	539.58	1 257.94	1 100.19
天津	2 618.46	250.28	1 487.27	880.91
宁夏	2 591.71	201.94	1 168.60	1 221.18
山东	2 517.49	503.16	1 216.88	797.44
山西	2 105.85	325.86	480.42	1 299.57
辽宁	2 057.03	738.56	699.00	619.47
新疆	1 976.67	280.51	849.32	846.84
陕西	1 729.53	145.53	1 180.00	404.00
吉林	1 664.16	489.33	716.21	458.62
甘肃	1 587.68	455.79	568.06	563.83
酿酒葡萄全国平均	2 336.86	375.93	1 082.30	878.63

表 1-8　全国各产区酿酒葡萄种植收益

省份	净利润(元/亩)	单价(元/500 g)
辽宁	3 293.41	3.56
天津	2 924.13	1.44
山东	2 839.16	1.80
吉林	2 588.45	1.14
山西	2 323.33	1.81
河北	1 896.68	1.60

续表 1-8

省份	净利润(元/亩)	单价(元/500 g)
新疆	1 448.11	1.97
陕西	1 296.00	1.50
宁夏	1 276.06	1.49
甘肃	444.50	0.89
酿酒葡萄全国平均	2 135.68	1.61

表 1-9　不同用途的葡萄成本与收益

类别	总成本(元/亩)	建园成本(元/(亩·年))	物质成本(元/亩)	人工成本(元/亩)	净利润	单价(元/500 g)
鲜食	3 981.77	785.76	1 737.19	1 458.82	6 417.31	3.69
酿酒	2 336.86	375.93	1 082.30	878.63	2 135.68	1.61
制干	2 017.59	544.86	881.82	590.91	3 150.91	0.93
制汁	3 193.55	669.77	1 800.00	723.78	9 006.33	1.39
观光	5 538.24	1 151.19	2 596.97	1 790.07	10 422.27	8.57
全国葡萄总体平均	3 596.39	692.79	1 587.28	1 316.32	5 481.48	3.18

第二节　葡萄品种的无风险选择

我国葡萄种质资源丰富，选择适宜的品种是避免栽培风险重要环节。实践证明：葡萄各品种对气候、土壤等生态条件的选择有一定的差异，对栽培管理也有不同的要求，有的品种耐粗放管理，有的品种则必须精细管理。因此要根据当地的生态条件(日照、温度、降水、土壤)，按照“适地适树”的原则，选择适合本地的优良品种，做到早、中、晚品种的合理搭配，良种良法综合配套，才能获得良好的经济效益。而选错了品种就会适得其反，甚至造成全军覆没。只有了解全国各地葡萄产业的发展概况、品种的分布状况，认真选好品种，按照科学的管理，选择无风险的栽培模式，才能取得事半功倍的效果。单品种的介绍，在以后章节里会详细描述。

一、我国主要栽培的葡萄品种及其分布情况

巨峰和红地球是目前国内栽培的两大品种，占全国鲜食葡萄栽培总面积的70%以上；其他品种中巨玫瑰、醉金香、藤稔、夏黑、京亚等约占10%；玫瑰香、金手指、无核白鸡心、克瑞森无核等约占20%。

我国种植鲜食葡萄单品种面积达到60 hm^2 以上的县、区、市，分别有以下地区：

(1)巨峰主栽区 辽宁瓦房店、海城、辽阳、灯塔、法库、铁岭、开原、昌图、北宁、凌海、凌源、盖州、营口、鲅鱼圈，山东龙口、蓬莱、沂源、平度、莱州、崂山，浙江浦江、慈溪、上虞、吴兴、金华，河南郑州、偃师、三门峡、漯河，四川龙泉驿、双流、绵阳，甘肃天水，陕西户县，湖北随州，江苏句容，山西太谷，广西兴安等，遍布全国各地，举不胜举。

(2)红地球主栽区 新疆博乐、伊宁、石河子、奎屯、昌吉、哈密，甘肃敦煌、张掖、武威、永登，陕西合阳、大荔、渭南、临渭，山西万荣、临猗、临汾、稷山、太谷、清徐，山东海阳、沂源、平度，辽宁盖州、营口、鲅鱼圈，天津蓟县，河北怀来，宁夏永宁，广西资源，四川西昌，黑龙江哈尔滨等，也是遍布全国各地。

(3)无核白鸡心主栽区 辽宁沈阳、北宁、盖州，江苏江阴、常州、常熟、张家港、昆山、通州、句容，山西太原、离石、文水、临汾、榆次，新疆石河子，河南开封，四川米易，浙江海盐等。

(4)无核白主栽区 新疆吐鲁番、哈密，甘肃敦煌，内蒙古乌海等。

(5)藤稔主栽区　浙江金华、慈溪、温岭、长兴、嘉兴，山东济宁、金乡、莱西、平邑等。

(6)京亚主栽区　辽宁灯塔、辽阳、法库、北宁、凌海，河南偃师、商丘，浙江慈溪、金华、浦江，山西离石、文水，山东曲阜，湖北随县等。

(7)巨玫瑰主栽区　江苏南京、溧水、高淳、无锡、江阴、宜兴、常州、金坛、溧阳、苏州、张家港、太仓、昆山、通州、海门、泰兴，河南郑州、三门峡，上海，重庆等。

(8)夏黑主栽区　江苏南京、高淳、无锡、江阴、宜兴、常熟、金坛、溧阳、苏州、吴中、张家港、昆山、如皋、通州、高邮、句容、泰州、泰兴、姜堰、宿迁、泗阳，河南郑州，上海，山东莱西，江西吉安，云南等。

(9)泽香主栽区　山东平度及周边县、市。

(10)龙眼主栽区　河北怀来、昌黎、涿鹿；山西清徐等。

(11)玫瑰香主栽区　山东平度、河北昌黎、天津汉沽、辽宁大连等。

(12)醉金香主栽区　江苏常州、金坛、张家港、太仓、昆山、通州、泰兴，浙江嘉兴、长兴，上海等。

(13)美人指主栽区　江苏南京、江阴、常州、金坛、张家港、句容、泰兴，广西兴安、全州、灵川，山西永济，河南商水等。

(14)金手指主栽区　山东平度及周边县、市。

(15)牛奶主栽区　河北怀来及周边县、市。

(16)维多利亚主栽区　广西兴安、资源、全州，河南偃师，陕西稷山。

(17)克瑞森无核主栽区　新疆库尔勒、石河子、托克逊、哈密、吐鲁番，山西永济，山东莱西等。

(18)红富士主栽区　浙江金华、永康、慈溪等。

(19)绯红主栽区　天津武清、宁夏永宁等。

(20)早黑宝主栽区　山西太原、太谷、离石、文水、晋中、清徐等。

(21)温克主栽区　广西兴安、全州、灵川等。

(22)弗雷无核主栽区　新疆石河子、奎屯、哈密、吐鲁番、五家渠、伊宁,山东莱西等。

(23)矢富罗莎主栽区　河南商丘、山西万荣等。

二、主栽品种的投入与收益差别

鲜食葡萄的主栽品种巨峰和红地球、酿酒葡萄的主栽品种赤霞珠、制干葡萄的主栽品种无核白等之间的生产成本和收益差别较大(表1-10)。

表1-10　主要葡萄品种的成本与收益

收获品种	样本量	总成本(元/亩)	建园成本(元/(亩·年))	物质成本(元/亩)	人工成本(元/亩)	单价(元/500 g)	净利润(元)
巨峰	328	3 397.31	578.86	1 515.32	1 303.13	2.56	5 170.27
红地球	190	4 189.79	776.96	1 843.29	1 569.57	4.06	6 715.60
赤霞珠	134	2 541.07	387.28	1 212.07	941.72	1.57	1 896.14
无核白	55	3 286.60	726.08	1 494.88	1 065.64	1.65	4 338.42
玫瑰香	42	4 240.12	813.77	1 755.50	1 670.85	3.37	4 441.90
全国平均	1 267	3 596.39	692.79	1 587.29	1 316.32	3.18	5 481.48

三、消费者对葡萄口味及有无核的爱好

葡萄品种风味各异,消费者喜欢什么样的口味,这是种植前必须搞掌握的情况(表1-11)。近几年,大粒、无核品种的面积扩大,即是消费者的喜好,制约着葡萄的发展前景和销售价格。

表 1-11　各省消费者对葡萄有无核及口味偏好　　%

省份	有无核		口　味		
	有核葡萄	无核葡萄	甜味葡萄	酸味葡萄	酸中带甜
全国	30.30	69.30	57.30	6.70	36.00
北京	29.90	70.10	57.70	5.00	37.30
天津	35.60	64.40	45.90	6.00	48.10
河北	33.00	67.00	51.90	3.70	44.40
山西	21.90	78.10	48.60	3.60	47.70
内蒙古	21.20	78.80	40.70	15.90	43.40
辽宁	31.40	68.60	57.10	5.90	37.00
吉林	19.20	80.80	50.00	9.20	40.80
黑龙江	21.30	78.70	46.20	20.00	33.80
江苏	44.70	55.30	54.00	13.00	33.00
浙江	31.50	68.50	52.80	2.80	44.30
安徽	22.90	77.10	67.60	0.00	32.40
福建	20.60	79.60	62.90	2.90	34.30
江西	21.30	78.70	47.80	8.70	43.50
山东	30.70	69.30	52.10	8.30	39.60
河南	29.10	70.90	38.40	10.70	50.90
湖北	54.00	46.00	60.00	6.00	34.00
湖南	18.70	81.30	47.50	5.00	47.50
广东	9.50	90.50	28.60	4.80	66.70
广西	18.60	81.40	53.50	4.70	41.90
海南	33.30	66.70	77.80	0.00	22.20
重庆	22.70	77.30	62.90	3.30	33.80
四川	38.30	61.70	54.20	10.30	35.50
贵州	42.90	57.10	68.60	2.90	28.60
云南	28.20	71.80	65.00	5.00	30.00
陕西	16.70	83.30	44.30	11.40	44.30
甘肃	14.30	85.70	63.60	3.00	33.30
宁夏	29.00	71.00	54.80	6.50	38.70
新疆	19.60	81.40	63.80	0.00	36.20

四、合理布局葡萄品种

掌握了全国葡萄的种植状况、主栽品种所占比例、收益差异、消费者的喜好，本着适度规模和相对集中的原则，选择品种。

充分了解葡萄品种的生长特性，最主要的是对自己种植的葡萄要有个明确的定位——种植区域与品种，种植者的技术实力与销售渠道。

(1)区域与品种　葡萄最理想的区域是北纬38°～42°，北方干旱地区种植一般的葡萄品种都能适应，而南方多雨潮湿的地区就要选择比较抗病的品种，或进行避雨栽培。

(2)科技含量　技术力量相对雄厚的产区、种植者可选择市场销售价位较高，相对管理难度大的高档品种，如红提、美人指、黄金指、无核葡萄等。而技术条件一般的种植者应选择抗病性强、易管理的品种，如巨峰、藤稔、摩尔多瓦、京亚等。相比较而言，普通品种不如高档品种的收入高，但每亩仍能有几千元的收入，且省工、容易种植。

(3)销售渠道　简单地说，就是将葡萄卖到哪里，怎么个卖法。如果有规模、有目的地选择到大、中城市或进高端超市销售，那必须选择耐运输、耐贮存的高档品种；如果在附近的集市上出售，应选择果粒大、外观好、口感好的品种；在农村市场，果粒相对较小的无核品种，不如藤稔等大粒品种卖的贵、经济效益高。

五、选择无风险的栽培品种

对于初涉葡萄领域，有一定种植规模的投资者，可采用“5-3-2”的方法，选择品种降低风险。爱好足球的人都知道，一个实力一般球队对阵强队的时，基本都选择“5-3-2”的队形，稳守反击，一般可以守个平局，碰到运气好，还能偷袭得手，赢下比赛。选择全攻全守和强攻对手的队形，会头破血流，大败而归。其实道理是一样的，投资葡萄产业，除了资金合理、有效的运作外，对品种适应性及管理技术的全面了解至关重要。而相当部分种植者仅凭对葡萄市场的片面了解就贸然行动，如果碰对了就旗开得胜，大赚一笔，碰错了就血本无归，全军覆没。这样的例子在红提热时是最为明显，全国各地都投资种植红提，最后能坚持下来的只有十之二三。

“5-3-2”品种选择法：就是在突出重点品种、优新品种的同时，种植一定比例好管理、大众化的普通品种，先保住本钱；再发展新品种储备后劲。

数字“5”就是要拿出50％的土地种植有发展潜力的高档品种。如“红地球”果实漂亮、耐运耐贮；金手指、玫瑰香等品质优良、外观奇特；藤稔等果粒硕大、丰产丰收；无核白、克瑞森无核等市场青睐。只有经过市场认可的品种，可作为拳头品种发展。

数字“3”就是种植30％好管理、产量高、大众化的品种，虽然市场售价低一点，但容易管理，一般不会失败。有了这30％的收益，基本上可保住葡萄园的常年开支和本钱。这类品种主要有摩尔多瓦、巨峰、京亚、8611、无核寒香蜜、茉莉香等；特别是摩尔多瓦，特抗病、特丰产，外观漂亮，完熟时品质也不错，是庭院栽培的首选品种。

数字“2”就是在保本、有拳头产品的同时，拿出20％左右的土地种植新、优、奇、特品种，积累种质资源与种植经验，筛选出更具有发展前途的品种，为长远发展保驾护航。

第三节　选择无风险种植模式

我国地域辽阔，气候各异，自然灾害频发，对葡萄种植的成功率影响较大，如南方的台风、降雨，北方的严寒、晚霜，都不同程度地制约着种植，影响着经济效益。

(1)南方雨多地区　降雨量大，台风登陆频繁，除选择特别抗病品种露天栽培外，大部分品种应采用避雨栽培。

（2）东北、西北严寒地区　无霜期短，必须采用保护地大棚（促成、延迟）栽培。

（3）适宜栽培区　适栽区栽植的露天葡萄，也存在不少问题。①发芽期的晚霜。大部分地区都碰到过，对葡萄的影响是毁灭性的，有的可能绝产。近几年晚霜发生频繁，10 年间山东地区发生了二三次严重的晚霜危害，造成了大面积减产。②成熟期的降雨。有些地区降雨量不大，适合葡萄生长，但降雨分布不均，影响葡萄生长发育。以平度大泽山产区为例，平均年降雨在 600 mm 左右，但大都集中在 7、8、9 月份，这个时期正是葡萄转色、成熟期，连续几天的阴雨，就会引起病虫害的大量发生，裂果、烂果严重，造成减产，甚至绝产。③冻害。在适宜种植的区域内，相当大的一部分区域不需要埋土防寒，葡萄就能安全越冬。但个别年份也产生冻害，如 2011 年的早春气温较低冻害严重，葡萄减产近 50%。

葡萄栽培除传统的露天栽培外，还应适当发展一定比例的保护地栽培模式，或建塑料大棚进行促成栽培、避雨栽培，拉长葡萄销售链条，提高效益。

第四节　生长季节的无风险管理

生长季节的无风险管理，主要指葡萄种植已经到了“限产提质”与病虫害生物防治的时代。

一、控制负载量

红地球、维多利亚、藤稔等大粒品种亩产量控制在 1 500～1 800 kg，泽香、玫瑰香及无核品种亩产量控制在 2 000～2 500 kg，金手指品种亩产量控制在 1 500 kg 左右，酿造品种亩产量控制在 750～1 000 kg，提高果实的质量，为贮藏保鲜及酿造高档葡萄酒打好原料基础。

采取有目的的限产措施，能显著提高品质和销售价格，减少病虫害发生程度及降低物资、人工投入。

二、病虫害的防治

贯彻预防为主，防治结合的方针。具体方法见第六章。

第五节　产品的无风险销售

无风险销售，要了解消费者的消费习惯、特性、对价格的接受度等一系列的问题，以便对症下药。销售是整个葡萄种植的最后环节，直接决定着效益的大小。

摸清和掌握消费者的购买习惯（表 1-12），愿意在哪购买？在超市、水果店或路边摊等？

表 1-12　各省消费者对葡萄购买地点的调查　　%

省份	农贸市场	水果批发市场	综合超市	水果超市	社区水果店	葡萄园采摘	路边摊	网络购买	其他
全国	37.10	37.10	39.30	31.50	27.00	9.00	15.70	0.80	0.50
北京	49.00	40.70	43.50	26.60	38.80	7.50	25.60	0.60	0.00
天津	60.70	34.80	43.70	23.70	28.90	7.40	20.00	0.70	0.24
河北	50.90	23.80	39.30	29.90	21.60	4.60	51.50	0.00	0.56
山西	50.40	38.30	32.20	24.30	32.20	2.60	27.80	0.90	0.31
内蒙古	33.30	57.90	41.20	43.90	33.30	7.90	35.10	0.00	0.00
辽宁	47.90	30.60	33.80	53.90	26.40	6.00	22.90	1.10	0.00
吉林	38.00	36.70	40.50	38.00	25.30	8.90	34.20	1.30	0.12
黑龙江	39.40	54.00	45.30	44.50	28.50	5.80	21.20	0.00	0.00
江苏	38.10	33.30	47.60	51.40	41.00	20.00	20.00	1.00	0.00
浙江	50.50	27.50	37.60	55.00	33.90	11.00	34.90	0.00	0.00
安徽	37.10	34.30	40.00	45.70	42.90	11.40	45.70	5.70	0.00

续表 1-12

省份	农贸市场	水果批发市场	综合超市	水果超市	社区水果店	葡萄园采摘	路边摊	网络购买	其他
福建	40.00	25.70	57.10	34.30	48.60	2.90	42.90	0.00	0.00
江西	38.00	34.00	40.00	46.00	24.00	10.00	22.00	0.00	0.18
山东	51.80	31.20	49.60	41.90	19.30	14.80	28.70	1.80	0.85
河南	44.90	34.80	31.70	32.20	26.00	11.00	35.20	1.30	0.00
湖北	54.90	49.00	39.20	35.30	27.50	0.00	21.60	0.00	0.00
湖南	36.60	45.80	43.70	43.70	22.50	18.30	28.20	0.00	0.00
广东	13.60	9.10	90.90	18.20	18.20	4.50	13.60	0.00	0.76
广西	62.80	41.90	34.90	32.60	30.20	2.30	30.20	0.00	0.46
海南	42.90	14.30	57.10	47.60	23.80	4.80	23.80	0.00	0.17
重庆	48.30	31.30	61.60	53.00	24.50	10.60	15.90	2.00	0.00
四川	52.30	39.40	27.50	38.50	34.90	6.40	27.50	1.80	0.00
贵州	51.40	37.80	45.90	37.80	32.40	8.10	37.80	0.00	0.68
云南	47.50	37.50	30.00	32.50	22.50	10.00	37.50	0.00	0.00
西藏	0.00	0.00	0.00	0.00	0.00	0.00	0.00	0.00	0.21
陕西	46.40	40.50	35.70	34.50	21.40	14.30	32.10	1.20	0.00
甘肃	51.40	40.00	37.10	40.00	28.60	5.70	22.00	0.00	0.00
宁夏	50.00	56.30	25.00	25.00	37.50	3.10	34.40	0.00	0.00
新疆	44.70	38.30	38.30	38.30	42.60	6.40	23.40	0.00	0.00

消费者所养成的购买习惯，是影响消费者对选择购买地点的主要原因。表 1-13 的调查完全能说明问题。

表 1-13 影响消费者选择葡萄购买地点的主要原因 %

影响因素	百分比	影响因素	百分比
距离近，购买方便	72.30	葡萄新鲜、卫生	54.60
价格相对低	42.70	可供选择的品种丰富	14.10
购物环境好	21.40	其他	0.90
食品质量和安全	37.20		

通过大量的调查，最终得出结论：消费者最关心的首先是口味，无论是什么颜色、什么形状、什么时间成熟，唯一的功能是让人们吃掉。因此，最关注的是葡萄内在品质。其次是新鲜度。第三是卫生状况、安全性、营养功能、色泽、外观、耐贮性、各种认证、品种、有无核、销售地点、产地、信息是否可追溯等。

确定价格是非常科学的事情，定低了影响收益，定高了难以销售。因此，了解地区间不同消费者对葡萄价位的接受程度，才能确定合理的销售价格，获得较高经济效益（表 1-14）。

表 1-14 各省消费者对不同价位葡萄的接受度 %

省份	价格区间（元）				
	＜3	3～8	8.1～13	13.1～20	＞20
全国	21.10	52.20	15.40	5.30	1.40
北京	21.10	55.90	16.00	5.30	1.70
天津	20.20	58.10	15.50	5.40	0.80
河北	47.50	46.50	5.00	0.90	0.00
山西	22.50	60.40	14.40	1.80	0.90
内蒙古	24.60	44.70	20.20	7.90	2.60
辽宁	26.60	55.10	11.40	4.90	1.90
吉林	3.90	69.70	15.80	5.30	5.30
黑龙江	9.30	52.70	31.00	4.70	2.30
江苏	9.10	65.90	17.00	5.70	2.30
浙江	7.80	64.70	22.50	4.90	0.00
安徽	11.80	76.50	8.80	2.90	0.00
福建	11.80	47.10	29.40	5.90	5.90
江西	13.00	50.00	37.00	0.00	0.00
山东	19.60	53.10	20.00	6.10	1.20
河南	31.50	44.60	16.50	4.50	3.20
湖北	28.60	55.10	12.20	2.00	2.00

续表 1-14

省份	价格区间(元)				
	<3	3~8	8.1~13	13.1~20	>20
湖南	15.80	61.90	13.70	7.20	1.40
广东	0.00	18.20	63.60	18.20	0.00
广西	9.80	68.30	19.50	2.40	0.00
海南	5.30	68.40	15.80	10.50	0.00
重庆	12.80	51.00	17.40	18.80	0.00
四川	29.20	54.70	10.40	3.80	1.90
贵州	8.80	73.50	8.80	8.80	0.00
云南	18.40	60.50	10.50	10.50	0.00
陕西	29.60	48.10	12.30	7.40	2.50
甘肃	14.30	60.00	14.30	11.40	0.00
宁夏	25.80	67.70	6.50	0.00	0.00
新疆	16.30	72.10	9.30	0.00	2.30

价格确定好了，市场容量有多大？外地葡萄、进口葡萄对本地葡萄的冲击有多大？我们的葡萄如果到外地销售时，销售地的认可程度是多少？这些问题也应该搞明白(表 1-15)。

表 1-15 各省消费者对葡萄产地偏好 %

省份	本地葡萄	外地葡萄	进口葡萄	不知道产地
全国	63.80	10.10	4.30	21.70
北京	41.60	24.30	4.20	19.80
天津	60.60	18.20	6.80	14.40
河北	71.60	9.60	0.30	18.50
山西	52.80	28.70	2.80	15.70
内蒙古	45.80	22.40	8.40	23.40
辽宁	59.20	15.00	3.00	22.80
吉林	42.60	22.10	8.80	26.50
黑龙江	34.70	29.80	10.70	24.80

续表 1-15

省份	本地葡萄	外地葡萄	进口葡萄	不知道产地
江苏	56.10	24.50	9.20	10.20
浙江	55.20	15.20	3.80	25.70
安徽	31.30	21.90	0.00	46.90
福建	35.30	17.60	11.80	35.30
江西	59.20	22.40	2.00	16.30
山东	64.10	17.80	3.30	14.80
河南	5.50	21.10	2.30	21.10
湖北	46.00	28.00	0.00	26.00
湖南	42.70	29.00	4.60	23.70
广东	13.60	9.10	18.20	59.10
广西	53.70	17.10	4.90	24.40
海南	23.80	52.40	4.80	19.00
重庆	55.50	21.20	2.70	20.50
四川	44.30	20.80	1.90	33.00
贵州	69.40	5.60	2.80	22.20
云南	51.40	16.20	5.40	27.00
陕西	51.90	21.00	2.50	27.70
甘肃	56.70	36.70	0.00	6.70
宁夏	77.40	9.70	0.00	12.90
新疆	83.30	14.30	0.00	2.40

如果第一章的问题您都搞明白了，种植葡萄还会有多大的风险？应该没风险了吧！

第二章 葡萄品种

葡萄，又名蒲桃、草龙珠、山葫芦等。果实晶莹剔透、玲珑可爱、令人垂涎欲滴，且富有各种营养成分，并有神奇的药效。考古研究发现，在距今 6 700 万～13 000 万年的中生代白垩纪地质层中发现了葡萄科植物。这表明，早在新生代第三纪乃至更早的年代地球上已经存在葡萄科植物。全世界所有葡萄种都来源于同一祖先，但由于大陆分离和冰川的影响，使其分隔在不同的地区，进而经过长期的自然选择，葡萄种之间存在明显的区别，使原本具有共同祖先的葡萄种形成了三大种群，即欧亚种、美洲种和欧美杂交种。

葡萄栽培起源于 5 000 年前的里海、黑海和地中海沿岸各地。我国葡萄人工栽培在 2 000 年前，汉武帝时张骞通西域，从大宛（今中亚细亚塔什干地区）带回葡萄种子开始的。以后传入新疆、玉门关，过河西走廊陇坂高原后，逐步传播到华北、东北地区。

中国有五大葡萄产区，分布在新疆、胶东半岛大泽山、河北昌黎、宁夏贺兰山、东北（辽宁、吉林）等地区。以新疆地区吐鲁番和胶东半岛大泽山最为有名，是我国最著名的两大葡萄产区，非常适合葡萄生长发育。胶东半岛三面环海，气候良好，四季分明，降雨量适中，以大泽山地区生产鲜食葡萄最为著名；新疆地区土壤为沙质土，气候干燥，无病虫害，有效积温高，日照充足，昼夜温差大，以吐鲁番盆地区生产的葡萄干最为著名。酿酒葡萄以张裕、华东、威龙等葡萄酒厂为国内著名龙头企业。

世界上有 8 000 多个葡萄品种，我国葡萄品种也有 1 000 多个，大泽山地区栽培葡萄品种有 200 多个；按照从发芽至果实成熟的时间划分,105 d以内为极早熟品种、105～125 d为早熟品种、125～145 d为中熟品种、145 d以上为晚熟品种。

第一节 欧 亚 种

一、极早熟品种

1. 6-12

品种来源:天津选育,又名超早娜。是近年发现的乍娜葡萄的枝变,且表现稳定。

嫩梢黄绿色,阳面略带紫晕,并有稀疏的茸毛。幼叶淡紫红色,有光泽。成叶中等大,心脏形,5裂。叶面光亮无毛,叶柄长,淡紫色。

果穗大,圆锥形。平均穗重800 g,最大1 100 g。果粒大,近圆形或椭圆形。平均粒重8.5 g,最大14 g。果皮紫红色,中等厚,果粉薄。肉质细脆,味清甜,微有玫瑰香味。含糖16%,品质上,耐贮运。在平度大泽山地区,4月10日发芽,5月24日开花,6月中旬着色,7月初采收,属极早熟品种。

6-12葡萄继承了乍娜易裂果的生理特点,是一个优点突出,缺点突出的品种,生产上最好搞保护地栽培。

该品种生长势旺,结果系数高,适合棚、篱架栽培,中梢修剪。

2. 玫瑰早

品种来源:河北昌黎以乍娜与郑州早红杂交育成,2001年通过鉴定。

叶片中大,浓绿色,较平展,表面光滑无毛,裂刻中浅或无,叶缘锯齿形状为双侧直,叶柄洼成宽拱状。1年生枝扁圆形,暗红色。两性花。果穗圆锥形,有歧肩,较紧密。平均穗重660 g,最大1 630 g,平均粒重7.5 g,最大12 g。果粒紫黑色,甜酸适口,玫瑰香味很浓，品质极上。含可溶性固型物18%以上，含酸0.49%，较耐贮运。果实比巨峰早熟30 d以上，属极早熟品种。抗病性较强，较抗霜霉病和白腐病。

生长势中等偏旺，极丰产。适合棚、篱架栽培，中、短梢修剪。

3. 玫瑰紫

品种来源：河北昌黎以乍娜与郑州早红杂交育成，2001年通过鉴定。树势中强，嫩梢绿色带红褐色晕，幼叶光亮无毛，红褐色。成叶中大，心脏形，有裂刻，上裂刻深，下裂刻较浅，叶缘向上弯曲，锯齿大，中锐。卷须间隔，两性花。

果穗大，有歧肩，平均穗重700 g，最大1 560 g。果粒近圆形，平均粒重7 g，最大粒重9.3 g。果皮中等厚，紫红或紫黑色，果粉厚，肉脆多汁，甘甜爽口，含糖16%～18%，品质上等。

成熟期比巨峰早熟30 d以上，属极早熟品种。

二、早熟品种

1. 维多利亚

品种来源：由罗马尼亚德哥沙尼葡萄试验站杂交育成，亲本为绯红和保尔加尔，1978年进行品种登记。目前已成为土耳其、南非等国的主栽鲜食品种及主要出口鲜食品种之一；在引进栽培后表现综合性状良好，经济效益较高。

嫩梢绿色，具极稀疏茸毛；新梢半直立，节间绿色。幼叶黄绿色，边缘稍带红晕，具光泽，叶背茸毛稀疏；成龄叶片中等大，黄绿色，叶中厚，近圆形，叶缘稍下卷；叶片3～5裂，上裂刻浅，下裂刻深；锯齿小而钝；叶柄黄绿色，叶柄与主脉等长；叶柄洼开张宽拱形。1年生成熟枝条黄褐色，节间中等长。两性花。

果穗大，圆锥形或圆柱形，平均穗重630 g，果穗稍长，果粒着生中等紧密，果粒大，长椭圆形，粒形美观，无裂果，平均果粒重9.5 g，平均横径2.31 cm，纵径3.20 cm，最大果粒重15.0 g；果皮绿黄色，果皮中等厚，果肉硬而脆，味甘甜爽口，品质佳，可溶性固形物含量16.0%，含酸量0.37%；果肉与种子易分离，每果粒含种子以2粒居多。

2.奥古斯特

品种来源：该品种由罗马尼亚布加勒斯特农业大学杂交育成，亲本为意大利和葡萄园皇后，1996年由河北省果树研究所引入我国。

嫩梢绿色带暗紫红色，有稀疏茸毛。该品种新梢、叶柄及叶片基部主脉均呈紫红色，是识别品种的主要特征。果穗大，圆锥形，平均穗重610 g，最大1 500 g。果粒着生较紧密。果粒短椭圆形，平均粒重8.3 g，最大13 g，果粒大小均匀一致；果皮绿黄色，充分成熟后金黄色，果肉硬而质脆，稍有玫瑰香味，味甜可口，品质极佳，含可溶性固性物15%，含酸0.43%，糖酸比高。果实耐拉力强，不易脱粒，耐贮运。

生长势较强，枝条成熟度好。结果早、结实力强，结果枝率50%，每果枝平均花序数1.6；副梢结实力极强。丰产性强，抗病力较强，抗寒力中等。在平度大泽山区，4月初萌芽，5月下旬开花，7月底成熟。

该品种生长较旺盛，宜采用篱架、棚篱架或小棚架栽培，中、短梢修剪，适宜在露地及保护地栽培。

3.红巴拉蒂

品种来源：欧亚种，别名红巴拉多、红秀、早生红秀。红巴拉蒂(ベニバラード)是日本甲府市米山孝之1997年利用'Balad'和我国选育的品种'京秀'进行杂交育出的新品种，2005年进行登记。亲本：巴拉蒂×京秀。

果穗大，平均单穗重600 g，最大单穗重2 000 g。果粒大小均匀，着生中等紧密，椭圆形，最大粒重可达12 g。多年的观测结果表明，红巴拉蒂为优质早熟的红色葡萄品种。

4.夏至红

品种来源：原代号中葡萄2号，系中国农业科学院郑州果树研究所育成。亲本为绯红和玫瑰香。通过10年的观察，该品种为极早熟、大粒、优质葡萄新品种。

平均单穗重750 g，最大可达1 300 g以上。果粒着生紧密，果穗大小整齐。果粒圆形，紫红色，着色、成熟一致，粒均重8.5 g，最大可达15 g。果实充分成熟时为紫红色到紫黑色，不脱粒，不裂果。风味清甜可口，具轻微玫瑰香味，品质极上。

5.早黑宝

品种来源：山西农科院培育，2000年7月通过了山西省科技厅组织的科技成果鉴定，欧亚种，四倍体。该品种穗大、粒大、紫黑色、味甜浓香，品质优良，早熟，集诸多优良性状于一身。

嫩梢黄绿带紫红色，有稀疏茸毛。幼叶浅紫红色，成龄叶片小，心脏形，叶面绿色，较粗糙；一年生成熟枝条暗红色，节间中等长。果穗圆锥形带歧肩，穗大，平均穗长16.7 cm，穗宽14.5 cm，平均穗重426 g，最大穗重930 g，果粒短椭圆形，果粒大，纵径2.43 cm，横径2.2 cm，平均粒重7.8 g，最大10 g。果粉厚；紫黑色，果皮较厚、韧；肉质较软，味甜，有浓郁玫瑰香味，可溶性固形物含量15.8%，品质上等。

该品种树势中庸，平均萌芽率66.7%，平均果枝率56%，每一果枝上平均花序数为1.37。副梢结实力较强，丰产性强，抗病性较强，适宜华北、西北地区栽植。在山西晋中地区，4月14日萌芽，5月27日左右开花，7月7日果实开始着色，7月27日果实完全成熟。

该品种适合篱架栽培，中、短梢修剪。

6.矢富罗莎

品种来源：又名兴华一号、亚都蜜、罗莎、早红提。欧亚种。原产日本，1993年引入原青杨乡栽培，经济效益较高。

嫩梢黄绿色，有光泽。幼叶黄绿色。1年生成熟枝条黄褐色。成叶心脏形，中等大，深5裂，叶缘锯齿锐，叶面光滑，叶背有茸毛。秋叶红色。果穗圆锥形，平均穗重650 g以上；果粒着生较松。果粒长椭圆形，粉红至紫红色，平均粒重10 g。

在平度大泽山区，4月上旬萌芽，5月中旬开花，7月底到8月初果实成熟，属早熟品种。

植株生长势较强，副梢结实力中等，幼树产量较低，成树产量较高。抗病性强，适应性强，是欧亚种中最抗病的品种之一。

该品种风味较淡，应注意完熟后再采收。

7. 京秀

品种来源：北京植物园培育，二倍体。

嫩梢绿色，无附加色，具稀疏茸毛。幼叶较薄，表面、背面均无茸毛，表面略有红紫色晕，有光泽。成叶近圆形，绿色，中等大，中厚，叶缘锯齿三角形，大而锐，先端尖，5裂，上裂刻深，下裂刻浅，叶柄较叶中脉短，叶柄洼开张矢形或拱形。1年生成熟枝条黄褐色，冬芽较大。枝条节间中等长，卷须间隔。两性花。

果穗圆锥形，平均穗重513 g，最大1 100 g。果粒着生紧密，椭圆形，平均粒重7 g，最大12 g，穗粒整齐，玫瑰红或鲜紫红色，皮中等厚，肉厚硬脆，前期退酸快，酸低糖高，酸甜适口，含可溶性固形物15%～17.6%，含酸0.39%～0.47%，种子小，2～3粒，品质上等。果粒着生牢固。

在平度大泽山区，4月初萌芽，5月中旬开花，7月中下旬成熟。果实成熟后，在树上可挂2个月以上，不皱不坏，品质更佳。生长势中等，结果系数高，丰产性好。适于干旱、半干旱地区露地栽培。也是保护地栽培的良好品种之一。

三、中熟品种

1. 玫瑰香

品种来源：欧亚种。原产于英国，在我国已有70多年的栽培历史，是各地主栽品种之一。平度市栽培面积最大，占50%以上。

叶中大，叶缘上卷成波浪状或漏斗状；5裂，裂刻较深。叶柄较短。叶柄洼多呈开放式矢形或心脏形。果穗圆锥形，平均穗重350 g，最大3 000 g。果粒呈短椭圆形，平均粒重5 g，最大8 g。黑紫色，果粉较厚，果皮中等厚，果皮与果肉易分离。果肉黄绿色，稍脆，有浓郁的玫瑰香味。含可溶性固型物18%～22%，品质极佳。

树势中庸偏旺，芽眼结实力高，早果性好，丰产。适合篱架栽培，中、短梢修剪。成熟期和巨峰相似，属中熟品种。

2. 黄金指

品种来源：属牛奶群品种。牛奶群品种共同的特点是外观奇特、漂亮，风味好，如牛奶、里查马特、巨星、美人指等。黄金指则是其中的新秀与佼佼者。原产前苏联，新中国成立后由葡萄界前辈欧阳寿如先生引入我国。欧阳寿如先生在其著作《葡萄品种及其研究》中给予这个品种极高评价，认为是"牛奶类型中品质最好、果形最美观的品种"。目前在我国北方干旱地区有少量种植，是非常高档的鲜食品种。该优良品种，在我国也已引种多年，但由于历史的原因和管理方面的原因，从前一直没引起人们的重视，直到红提、美人指等高档果品引进我国后，质量的好坏与价格的差异才使以前重视产量忽视质量的人们重新想起了黄金指这个优良的好品种。

嫩梢浅紫红色，茸毛极疏。幼叶薄，黄绿色带浅紫红色，上表面有光泽，无茸毛。当年生新梢节间腹侧绿色或带红色条纹，背侧红色，无茸毛。卷须间隔，一年生成熟枝条横截面椭圆或近圆形，有细槽，黄褐色。节间短，较粗。成叶黄绿色，心脏形，5裂，上、下裂刻均开张，锯齿秃尖，叶柄洼窄拱形，叶背无茸毛。两性花。果穗中等大，平均重350 g，长17.2 cm，宽9.5 cm，圆锥形，果粒着生松，穗梗长。果粒大，平均6.09 g，最大8.57 g，纵径4.32 cm，横径1.55 cm，长椭圆形稍弯曲，似手指。果粒绿白色，完全成熟时为金黄色，故民间又称“黄金指”。皮薄，肉质脆，酸甜爽口，可溶性固形物含量17.7%，每果含1～4粒种子，品质极上。树势强，产量中等或较高。抗病力、抗寒力中等，耐旱。

在平度大泽山4月6日萌芽，5月23日开花，8月中、下旬果实成熟，属中熟品种。可延迟采收近1个月，耐运耐贮。生长势强，宜采用棚架栽培，中、长梢修剪。

3. 京玉

品种来源：北京植物园培育，1992年8月通过鉴定。二倍体，欧亚种。

嫩梢黄绿，有暗红附加色，具稀疏茸毛。成叶心脏形，较小或中等，上翘，5裂，上侧裂刻深，下侧裂刻浅，上表面光滑，下表面有刚毛。叶片较薄，绿色。叶柄洼开张，拱形或矢形。叶缘锯齿三角形，大而锐。两性花。

果穗圆锥形带副穗或双歧肩，平均穗重684.7 g，最大1 400 g。果粒着生中等紧密，穗粒整齐，椭圆形，平均粒重6.5 g，最大16 g，果皮黄绿色，中等厚，早采稍有涩味，肉厚而脆，汁多，回味浓，酸甜适口，风味好，品质上。不裂果，丰产，副梢结果能力强，可一年两熟。比巨峰早熟15 d，属中熟品种。抗病力中等。较抗葡萄霜霉病和白腐病，易染炭疽病。生长势强，宜采用棚架栽培，中、长梢修剪。

4. 巨星、秦龙大穗(9307)、里查(扎)马特

这三个品种的植物学特征、生物学特性和果实性状都很相似，栽培上可作为一个品种对待。属欧亚种。

嫩梢浅紫红色，茸毛极少。叶片黄绿色，心脏形，表面有光泽，无茸毛，裂刻较浅，叶柄洼窄拱形。当年生枝条旺盛，枝条粗壮，节间较长。两性花。

果穗圆锥形或圆柱形，极大，平均穗重850 g，最大2 400 g。果粒呈长椭圆形，平均粒重12 g，最大22 g。果皮薄，呈鲜红色，艳

丽美观。果肉透明，有浓郁的冰糖风味，硬，甘甜爽口。耐贮运。

在平度大泽山区，4 月 5 日萌芽，5 月中旬开花，8 月中、下旬果实成熟，属中熟品种。

抗病力中等，适合干旱、半干旱地区栽培。树势极旺，宜采用棚架栽培，长梢修剪为主。

四、晚熟品种

1. 红地球

品种来源：欧亚种，美国培育。1986 年引入我国，又名红提、大红球、全球红。该品种是当代大粒、优质、丰产、极耐贮运的红色鲜食品种。在我国华北、西北、东北南部很有发展空间，目前已成为我国栽培面积较大的主栽品种之一，在北方地区冬天需埋土防寒。

嫩梢先端稍带紫红色，中下部为绿色，成龄叶片中等大小，淡绿色。果穗长椭圆形，极大，平均粒重 12～14 g，最大 22 g。果皮中厚，深紫红色，果肉硬而脆，甜酸适口，含可溶性固型物 16.3%，品质极佳。果刷粗长，耐拉力强，不易脱粒。每粒果含种子 3～4 粒。极耐贮运。

树势生长较旺，枝条粗壮。结果枝率为 68.3%，每果枝平均花序数 1.3，果粒大小整齐，成熟一致。适宜中、小棚架和高篱架栽培和中短梢混合修剪。极丰产。从萌芽到成熟需 140 d 左右，可在树上挂到霜降前后采摘，属晚熟品种。抗病性较弱，对栽培技术要求较高。最好搞棚架栽培，长、中、短梢结合修剪。

2. 美人指

品种来源：日本培育，欧亚种，二倍体。1994 年引入我国，1996 年开始挂果，是一个非常有特点的晚熟品种，但抗病性较差。

嫩梢黄绿，阳面赤红色，无茸毛。幼叶黄绿色，稍带红紫色，有光泽，成叶心脏形，中大，黄绿色。新梢粗壮，直立性很强。果穗长圆锥形，无副穗，一般穗重 480 g，最大 1 750 g。果粒平均重 11.5 g，最大 20 g。果粒细长形，先端鲜红色，光亮，基部稍淡，如染了红指甲油的美女手指，外观艳丽漂亮而得名。皮肉难分离，皮薄但有韧性，不易裂果，果肉可切片，肉质脆，味甜爽口，无香味，含可溶性固性物 16%～19%，最高可达 21%，品质极优。

在平度大泽山区，4 月上旬萌芽，5 月下旬开花，9 月上中旬果实成熟，从萌芽到果实成熟需 150 d 左右。成熟后可延迟采收 1 个月以上。抗病性较弱，易感白腐病、黑痘病、霜霉病和炭疽病。枝条生长极旺，最好搞棚架栽培，中、长梢修剪。

3. 达米娜

品种来源：由罗马尼亚格拉卡葡萄实验站杂交育成，又称大蜜娜，欧亚种，二倍体。1996 年引入我国，表现出大粒、丰产等优点，尤其是纯正的玫瑰香风味，深受消费者喜爱。

嫩梢绿色，幼叶黄绿色，新梢半直立，冬芽大而饱满，附紫红晕斑。成叶黄绿色，中等大，心脏形，5 裂或 7 裂。1 年生成熟枝条黄褐色。该品种叶背主脉、侧脉及叶柄具刺毛是主要识别特征。

果穗大，圆锥形，平均穗重 560 g，最大 1 100 g，果粒着生紧乃至极紧；果粒大，圆形或短椭圆形，平均粒重 8.5 g，最大 14.5 g；果皮紫红色，中厚，果粉厚；果肉硬度中等。具浓郁的玫瑰香味，品质极佳，可溶性固型物含量 16.5%。

生长势较强，枝条成熟度好，在平度大泽山农科园艺场 4 月上旬萌芽，5 月 20 日开花，9 月上旬果实成熟，正好能赶上中秋节市场。该品种结实力强，丰产性强。抗病性较强，果实耐贮运。适合棚、篱架栽培，中、短梢修剪。

4. 红意大利

品种来源：又名奥山红宝石，欧亚种。为意大利的红色芽变。

嫩梢黄绿色，梢尖半开张，乳黄色，有茸毛，无光泽。幼叶黄绿色，表面有光泽，背面有毡毛。新梢生长直立，节间背侧黄绿色，腹侧青紫色。枝条红褐色。成叶中等大，呈勺状挺立，肾形，背面有较稀茸毛。叶片5裂，裂刻深，叶柄洼宽拱形，基部三角形。叶缘锯齿圆顶形。两性花。

果穗大多圆锥形，有副穗。平均穗重625 g，最大1 030 g。果穗大小整齐，果粒着生紧密。果粒短椭圆形，浓紫红色，着色一致，成熟一致。平均粒重9 g，最大15 g。果皮厚，无涩味。果粉中等。果肉细脆，有较浓玫瑰香味。含可溶性固型物18%～19%，品质上等。果粒牢固，不脱粒，不裂果，耐运输，抗病力强。成熟期与红意大利相似，属晚熟品种。

5.金田美指

品种来源：由白牛奶与美人指杂交育成。欧亚种。

果穗成圆锥形，无歧肩、无副穗。果实鲜红色，粒重9～11 g，穗重500 g，果粒长椭圆形，果肉硬脆，可溶性固形物含量18%～20%。8月底可上市，挂架时间长(可延迟到10月中旬采收)。外观美，品质好，抗性及枝蔓的成熟度等方面均优于美人指。可连年丰产。

金田美指色泽艳丽，外观诱人，是目前最漂亮的葡萄之一。

6.红罗莎里奥

品种来源：欧亚种。原产日本。为日本植原葡萄研究所所选育的品种。1984年杂交，1988年结果。

果穗圆锥形。果穗大，穗长17～21 cm，穗宽15～18 cm，平均穗重515 g，最大穗重860 g。果粒着生紧密，果穗大小整齐。果粒椭圆形，淡红色至鲜红色，成熟一致。果粒大，纵径2.25～3.0 cm，横径1.81～2.4 cm，平均粒重7.5 g，最大粒重11 g。果皮薄而韧，半透明，可清晰地看到种子，果皮无涩味。果粉厚。果肉爽脆，无肉囊，汁多，果汁绿黄色。味纯甜，稍有玫瑰香味。每果粒含种子2～3粒，多为2粒。种子与果肉易分离。无小青粒。可溶性固形物含量为20%～21%。

该品种成熟时为鲜红色，果粉多，果粒大而整齐，非常美观。其口味纯甜爽口，有清淡玫瑰香味，风味极好，是品质优良的鲜食品种。该品种在南方夜温高的地区上色较困难，应注意控制产量，增施磷、钾肥，控制营养生长。

7. 白罗莎里奥

白罗莎里奥葡萄属欧亚种。2003 年从日本引入。果穗圆锥形，无副穗，穗均重 600 g，果粒短椭圆形，鲜绿色，粒均重 12 g。果皮薄而韧，无涩味，果粉厚；果肉质厚爽脆、无肉囊、多汁。纯甜，有淡玫瑰香味。含可溶性固形物 19%～22%，鲜食品质极上。果粒含种子多 2 粒，种子与果肉易分离。在昌黎地区，果实 9 月中旬成熟，果实发育期 145 d 左右。

植株生长势强，枝条易成熟，隐芽萌发力差，芽眼萌发率 60%～70%。夏芽副梢结实力强，丰产。果实耐贮运。适应性广，抗各种真菌病害能力比其他欧亚种葡萄强。

8. 泽香

品种来源：又名泽山 2 号。山东平度大泽山 1956 年以玫瑰香与龙眼杂交育成，为大泽山的主栽品种之一，多次获国家金奖。

果穗圆锥形，平均穗重 450 g，最大 800 g。果粒着生紧密，果粒圆形或椭圆形，平均粒重 7 g，最大 8 g 以上。果皮黄绿色，充分成熟后为金黄色，果粒大小均匀，成熟一致。果皮薄，肉质脆，酸甜适度，清爽可口，品质上等。果实耐贮藏，至春节前后上市，价格很高。

植株生长势强，叶片大。具有早果、早丰的优点，并且高产稳产。在平度大泽山区，4 月上旬萌芽，5 月中旬开花，9 月中、下旬果实成熟，属晚熟品种。

抗旱、耐瘠，在干旱地区表现明显优于巨峰、玫瑰香等品种。对白腐病、炭疽病和白粉病的抗性较强，均优于其亲本。抗旱力也优于其亲本，在大泽山地区不下架也能安全越冬。适合棚、篱架栽培，中、短梢修剪，在大泽山以篱架栽培为主。

9. 魏可

品种来源：日本引入，欧亚种，又名温克。

嫩梢淡紫红色，新梢生长自然弯曲，梢尖及幼叶黄绿色，无茸毛，有光泽。幼叶略带淡紫色晕。叶片上表面有光泽，下表面叶脉上有极少量丝状茸毛。成龄叶片中大，心脏形，叶片裂刻中深，叶缘锯齿圆拱形。叶柄洼矢形。1 年生成熟枝棕红色。两性花。

果穗圆锥形，较大，平均穗重 450 g，果穗大小整齐，果粒着生较松。果粒卵圆形，果皮紫红色至紫黑色，果粒大，平均粒重 10.5 g，有小青粒现象，果皮中厚，具韧性，果肉脆，无肉囊，多汁，果汁绿黄色，味甜，可溶性固形物含量 20%左右，品质优良。

植株生长势强，芽眼萌发率 90%，成枝率 95%，结果枝率 85%，每果枝平均 1.5 个花穗。隐芽萌发力强，且所萌发枝条易形成花芽。丰产性强，抗病性强，极晚熟。

10. 红太阳

品种来源：红地球芽变选育。

树势健壮，一年生枝条黄褐色，枝条粗、节间短。副梢萌发率低，可自然封顶。嫩梢先端 2～3 片幼叶微红色，下部叶片为深绿色，成叶大而厚、近五角形，5 裂，上裂刻浅、下裂刻不明显，叶正、背面均无毛，叶面无光泽，不光滑，叶柄紫红色。果穗长圆锥形，纵径 27 cm，横径 20 cm，平均穗重 1 250 g。果粒着生紧密，果粒近圆形，平均纵径 3.2 cm，横径 3.0 cm，单粒平均重 18 g，最大粒重 28 g；果色深红，肉质硬脆，每果 1～2 粒种子。田间考察抽样测定，可溶性固形物含量 14.7%。浆果耐运、商品性好，缺点是抗日灼病能力较弱。

在山西晋中地区，4 月中旬萌芽，5 月 20 日左右开花，7 月中旬开始着色，9 月上、中旬果实成熟，从萌芽到果实成熟约 150 d，比红地球早 10 d 左右，属中晚熟品种。

第二节　欧美杂交种

一、极早熟品种

洛浦早生

品种来源:洛浦早生是1996年从早熟葡萄品种“京亚”芽变中选育出的极早熟品种,经过多年、多点嫁接扦插试验,品种比较试验,区域试验及生产试栽,早熟性状表现稳定。本品种2004年7月通过河南省科技厅组织的专家技术鉴定,现已在河南、山东、浙江、重庆、山西等地引种栽培。

嫩梢叶片绿色,部分幼叶呈红紫色,叶正面无茸毛,叶背有较密的灰色茸毛,幼叶中厚;成龄叶中大,近圆形,5裂,上裂刻较深,下裂刻较浅,较粗糙,锯齿大,中等锐;叶柄洼拱形,叶柄较长,呈红紫色;成熟枝条红褐色,卷须间隔着生,两性花。果穗圆锥形,紧凑,有的带副穗,歧肩不明显,平均单穗456 g,最大1 060 g;果粒短椭圆形,果皮紫红—紫黑色,平均单粒11.7 g,最大可达16 g;果粉厚,果肉软而多汁,味酸甜,稍有草莓香味;可溶性固形物含量13.8%～16.3%;每果粒含种子2～3粒。

生长势较壮,芽眼萌发率高,枝条成熟较早,隐芽萌发力中等。结果枝率为66.8%,每果枝平均花序数1.65个,副梢结实率中等。不脱粒,耐贮运。在洛阳地区,4月上旬萌芽,5月中旬开花,6月中旬果实着色,6月底至7月初成熟,从萌芽至成熟90 d,浆果发育期45 d,丰产。较母株抗炭疽病、白腐病、黑痘病。

二、早熟品种

1.京亚

品种来源:北京植物园培育,欧美杂交种,四倍体。为纪念

1990 年北京亚运会而命名“京亚”。

嫩梢黄绿，附加紫红色，幼叶绿色，中等厚。成叶近圆形或心脏形，为深绿色，中等大，中等厚，3～5 裂。叶柄带有紫红色，叶柄洼为开张矢形。枝条节间中等长，成熟枝条红褐色。

果穗圆锥形或圆柱形，少数有副穗，平均穗重 478 g，最大 1 070 g。果粒着生中等紧密，平均粒重 10 g，最大 20 g，椭圆形，紫黑色，果粉厚，果皮中等厚，种子小，1～2 粒，肉质中或较软，汁多甜酸，味有草莓香味。含可溶性固性物 13.5%～18%，含酸 0.65%～0.9%，品质中上等。生长势较强，结果系数高。抗病性强，适应性广。比巨峰早熟 20 d，属早熟品种。

该品种适合棚、篱架栽培，中、短梢修剪，目前以篱架栽培较多。另外还特别适合无核化栽培，商品价值可提高数倍。

2. 黑蜜

品种来源：黑蜜葡萄是日本农林水产省果树试验场安艺津支场从巨峰自交实生中选育的早熟、极大粒葡萄新品种。1997 年通过韩国新世纪育种园引入山东平度，经过多年栽培观察，认为黑蜜是非常有前途的巨峰系早熟品种。

果穗圆锥形，有歧肩，穗重 460～530 g，果粒蓝黑色、个大，粒重 9～13 g，与巨峰相似。果皮厚而韧，易剥离，果粉多，味甜，有草莓香味，品质极佳。含糖 19～25 度，产量与巨峰相似，不裂果。

黑蜜葡萄长势中庸偏旺，结果系数高，篱架与棚架栽培均可，密度与栽植方法可参考巨峰葡萄。

3. 紫珍香

品种来源：辽宁农科院杂交育成，欧美杂交种，四倍体。

嫩梢绿色，有紫红附加色，略带茸毛。幼叶背面密被白色茸毛，叶面茸毛少。成叶中大，3～5 裂，叶面无茸毛，叶背茸毛多。1 年生成熟枝条深褐色，节间长度中等。两性花。

果穗圆锥形，无副穗，较整齐，平均穗重 500 g，最大 1 500 g。

果粒着生紧密。果粒长椭圆形，平均粒重 12 g，最大 18 g。果皮紫红色，完全成熟后呈紫黑色，中厚，易剥离。果粉多。果肉较软，果汁较多，含可溶性固形物 17.5%，具玫瑰香味，酸甜适口。耐贮运、丰产、抗病。比巨峰早熟 15 d，属早熟品种。

4. 黑色甜菜

品种来源：欧美杂种，别名黑彼特、黑锥。亲本：藤稔×先锋。平均单穗重 600 g，最大单穗重 1 250 g。果粒短椭圆形，单粒重 14～18 g，大的 20 g 以上。上色好，果粉多，果皮厚，肉质硬爽，多汁美味，可溶性固形物含量 16%～17%，品质中等。

该品种抗病，丰产易种，比巨峰早熟 20 d 以上，为极早熟品种，有望成为巨峰群早熟品种的主栽品种。

5. 香悦

品种来源：香悦系玫瑰香芽变为母本，紫香水芽变为父本杂交育成。属欧美杂交种、四倍体、中晚熟品种。由沈阳奉天葡萄研究中心葡萄研究员徐桂珍、陈景隆等杂交培育。

该品种大粒、中穗、果实风味浓郁怡人，品质极佳。果穗圆锥形，平均重 568.8 g，最大穗重 1 080.5 g。果粒近圆形、特大、果粒平均重 10.2 g，最大 18.6 g，含可溶性固性物 16.2%。坐果率高，果实着生紧密；黑紫色、着色一致、易上色；不脱粒、不裂果、耐运输。抗逆性强、适宜范围广。树势旺、早果性强、丰产、稳产。

6. 白奥林

品种来源：欧美杂交种，由日本引入，亲本不详。

巨峰系，抗病性强，适应性广，黄白色，早熟。凡是能种巨峰的地方都能种植，适合粗放管理。

在早熟的欧美种品种中，黄色的很少，尤其是带有井川系香味的就更少，可以说绝无仅有，因此该品种有一定的发展空间，特别是在种植巨峰多的地区，适量发展可能取得意想不到的效果。

7. 蜜汁

品种来源:原产日本,由奥林匹亚与夫瑞道尼亚杂交育成。属欧美杂交种。1981 年引入我国。

树势较健旺,枝条粗壮,新梢绿色,带有红色条纹。幼叶边缘粉红色,上下密生黄白色茸毛。成龄叶片大而厚,叶全缘或浅 3 裂,叶背密生黄褐色茸毛。叶柄洼闭合成重叠。卷须间歇 3 叉。花序较大,两性花。成熟枝红褐色,节短坚硬。果穗圆柱形,果粒着生紧密,平均穗重 300 g,最大 500 g。果粒较大,近圆形,紫红色,平均粒重 6.78 g,最大 8 g。果皮厚,果粉多,果皮与果肉易分离。肉质柔软,有肉囊,多汁味甜,含糖 17.6%,含酸 0.61%。品质中等。

属于抗寒、早熟、鲜食、制汁兼用品种。采收过晚易脱粒,无裂果现象。结果枝率 95.8%,每个果枝多为 2 个果穗,比较丰产,3 年生平均每公顷产 14 160 kg,5 年生平均每公顷产 23 460 kg。适于小棚架整形。抗病,耐湿,果实耐贮运性稍差。

8. 藤稔

品种来源:欧美杂交种。原产日本,1986 年引入我国,四倍体。

嫩梢绿色,附带浅紫红色。幼叶淡红色,有茸毛。成龄叶片大,近圆形,3～5 裂。果穗较大,圆锥形或短圆柱形,平均穗重 450 g,果粒着生中等紧密。果皮紫黑色,果粒近圆形,特大,平均粒重 15～16 g,果皮厚,果肉多汁,味酸甜,含糖 16%,品质中上。

植株生长势较强,萌芽力强,但成枝力较弱,花芽容易形成,丰产。在平度大泽山地区,8 月初成熟,属中熟品种。该品种适应性较强,较抗病,但较易感染黑痘病、灰霉病和霜霉病。

藤稔生长健壮,结果系数高,适宜棚架、篱架栽培,中、短梢混合修剪。

三、中熟品种

1. 巨峰

品种来源：日本培育，欧美杂交种，四倍体。是我国栽培面积最大的主栽品种之一。

嫩梢梢尖灰白色，茸毛密生。新梢节背绿带红色条纹。1 年生枝条深褐色。卷须中至长，冬芽基部红色，着色度中至强。叶片大，中叶脉中至长，心脏形，3～5 裂，裂刻浅，叶缘锯齿大，双侧凸，叶上表面平，脉色有微红，花青素弱，叶背茸毛为丝毛或混合毛，密，脉色绿，叶柄洼开张为窄拱形或矢形，叶柄长度中等，叶柄短于主脉长度。

果穗圆锥形，平均重 400～500 g，最大 2 000 g。果粒圆形或椭圆形，平均粒重 10 g，最大 22 g。完全成熟时为紫黑色，果粉较多，味甜，有草莓香味。含可溶性固形物 15%～16%，品质中上。在平度大泽山地区 4 月上旬发芽，5 月 20 日开花，8 月 25 日成熟。

植株生长势旺，结实力高，抗病性强，适应性广。适合棚、篱架栽培，中、短梢修剪。

2. 金手指

品种来源：日本原田富一氏于 1982 年杂交育成，以果实的色泽和形状命名为金手指，1993 年经日本农林省注册登记，属欧美杂交种，是目前栽培效益最高、最有前途的推广品种，2008 年青岛市场销售价格每 50 元/500 g ，且供不应求。

嫩梢绿黄色，幼叶浅红色，茸毛密。成叶大而厚，近圆形，5 裂，上裂刻深，下裂刻浅，锯齿锐。叶柄洼宽拱形，叶柄紫红色。1 年生成熟枝条黄褐色，有光泽，节间长。成熟冬芽中等大。

果穗巨大，长圆锥形，松紧适度，平均穗重 1 000 g，最大穗重 3 000 g。果粒形状奇特美观，长椭圆形，略弯曲，呈弓状，黄白色，平均粒重 8 g，疏花疏果后平均粒重 10 g，用膨大素处理一次平均粒重13 g,最大粒重20 g。果皮中等厚,韧性强,不裂果。果肉硬,可切片,耐贮运,含糖量20%～22%,甘甜爽口,有浓郁的冰糖味和牛奶味。果柄与果粒结合牢固,捏住1粒果可提起整穗果。

自根苗根系发达,生长势极强。在大泽山地区4月上旬萌芽,5月中旬开花,7月下旬成熟,比巨峰早熟10～15 d,比美人指早熟30 d。

抗寒性强,成熟枝条可耐－18℃左右的低温。抗病性强,按照巨峰系品种的常规防治方法即无病虫害发生。抗涝性、抗干旱性均强,对土壤、环境要求不严格。花期对异常气温适应性极强,2002年巨峰系大多数品种因气温反常而大小果极为严重,而金手指没有受到丝毫影响,果粒非常均匀,这在欧美种和欧亚种中都是极为罕见。总之,该品种是日本“五指”(美人指、少女指、婴儿指、长指、金手指)中唯一的高糖度早熟欧美杂交种,在庞大的葡萄家族中独树一帜。

3.巨玫瑰

品种来源:巨玫瑰葡萄是辽宁省大连市农业科学研究院选育而成的优良新品种,2002年9月通过专家鉴定。欧美杂交种,四倍体。

果穗大,圆锥形,平均穗重675 g,最大1 150 g,果粒着生中等紧密。果粒巨大,椭圆形,平均粒重9.5 g,最大15 g,果粒整齐,果皮紫红色,果粉中等,肉软多汁,无肉囊,甜酸适口,具有浓郁纯正的玫瑰香风味,含可溶性固形物19%～22%,品质极佳。抗性好,坐果好,不易脱粒,耐运输,耐高温高湿,适应性广,是目前综合性状优秀的鲜食葡萄新品种。

植株生长势强,枝条成熟度良好。结实力强,芽眼萌发率高,丰产性好。对白腐病、炭疽病、黑痘病等抗性较好,较易感染霜霉病。果实8月下旬成熟,为中晚熟品种。

适宜棚、篱架栽培,中、短梢修剪。

4. 阳光玫瑰

品种来源:欧美杂种,别名夏音马斯卡特、耀眼玫瑰。

平均单穗重 500 g,最大单穗重 1 000 g。果粒重 10～12 g,绿黄色,坐果好,栽培容易。肉质硬脆,有玫瑰香,可溶性固形物 20%左右,鲜食品质极优。不裂果,耐贮运,没有脱粒现象。抗病,可短梢修剪。外形美观,可进行大面积推广,成熟期与巨峰相近。

四、晚熟品种

1. 峰后

品种来源:北京林果所在“八五”期间育成的鲜食葡萄新品种,是巨峰系中比较有潜力的红色晚熟品种。

幼叶橙黄色,成叶绿色,心脏形,大。果穗圆锥形或圆柱形,平均重 338.1 g。果粒着生中等紧密,短椭圆或侧卵形,平均重 11 g,最大 16.5 g,比巨峰平均大 1～2 g。果皮紫红色,厚,果肉极硬,脆,略有草莓香味,可溶性固形物含量为 17.5%,糖酸比高,口感糖度高,品质极佳。果实不裂果,果梗抗拉力强,耐贮运性强。

树势强,萌芽率高,结实力中等。抗性强。在平度大泽山区,4 月 6 日萌芽,5 月 23 日开花,8 月下旬果实成熟。与巨峰成熟期相似或稍晚,属中晚熟品种。但果实能挂树保存至 9 月底,不脱粒。

峰后葡萄丰产性较差,易采用棚架栽培,长梢修剪。

2. 高妻

品种来源:高妻葡萄是日本长野县 1981 年用先锋×森田尼杂交育成。欧美杂交种,四倍体。

树势一般,1 年生枝条横断面形状扁平。嫩梢及幼叶绿带浅红色。成龄叶片中等大,5 裂。果穗大,圆锥形,一般重 600 g。果粒着生中等紧密,果粒短椭圆形,纯黑或紫黑色,果粒极大,一般粒重 15～17 g,最大 22 g。果皮厚,较难剥离。果肉不着色,中等软硬,肉质极好,含糖可达 17～21 度,酸少,有草莓香味,品质优良。

种子数中等多，籽大。

高妻葡萄品质好，风味佳，果粉厚。果实大小及丰产性和藤稔相似，耐贮运性明显强于藤稔。坐果率高，抗逆性强，在土壤过于黏重或氮肥较多、降雨量大、花期阴雨、低温等较恶劣的环境中，也不易落花落果，丰产、稳产性强。抗病性强，和巨峰、藤稔相似。副梢少，管理省工。

高妻葡萄极易形成花芽，长、中、短梢修剪均不影响产量，生产上以中、短梢修剪为主。架型可采用双“十”字、“V”形架。

3. 信浓乐

品种来源：日本引入，欧美杂交种，四倍体。又叫新浓笑。

果穗大，约 400 g，果粒圆形或椭圆形，粒重 13～15 g，比巨峰大；果皮鲜红色，果皮与果肉易分离，果肉汁多，可溶性固形物含量 18%，有香味，品质好，几乎不裂果，不脱粒，耐贮运，比巨峰晚熟 15～20 d，属晚熟品种。

树势较强，抗病。果肉硬，品质好，适应性广。但在南方应严格控制产量，多施磷、钾肥，以提高着色度。

适合棚、篱架栽培，中、短梢修剪。

4. 东方之星

品种来源：亲本为安芸津 21 号×红意大利，欧美杂种。日本农研机构果树研究所 1989 年杂交，2004 年品种登录。

果穗圆锥形。粒大，粒重 10～12 g，不处理粒重 10 g，盛花期后 14 d 用 25 mg/kg 赤霉素处理，粒重可达 12 g。粒重长椭圆形，有香味。该品种不裂果，不脱粒，耐贮运，是欧美种中一个优良的鲜食品种。

5. 摩尔多瓦

品种来源：欧亚种，该品种是摩尔多瓦葡萄育种家通过杂交选育出的晚熟品种，1997 年引入大泽山栽培，表现抗病、丰产，经济效益较高。

嫩梢绿色或黄绿色，幼茎上有暗红色纵条纹，密被茸毛；幼叶绿色，叶缘有暗红晕，叶面和叶背均具密茸毛。成龄叶绿色，近圆形，中大，叶缘上卷，全缘或3裂，裂刻浅，叶表面无毛，叶背茸毛稀疏，叶缘锯齿大，较锐，叶柄紫红色，叶柄短于中脉，叶柄洼闭合成椭圆形，1年生成熟枝条深褐色，节间长，冬芽饱满而大。两性花。

果穗大，圆锥形，果粒着生中等紧密，平均穗重650 g。果粒大、短椭圆形，平均粒重9 g，果皮蓝黑色，着色一致，果粉厚，果肉柔软多汁，无香味，可溶性固形物含量16%，含酸量0.54%，每果粒中含种子2粒，品质上。

枝条生长旺盛，年生长量可达3～4 m，1年生枝条成熟好。萌芽力强，丰产性强，每果枝平均1.65个果穗。在河北昌黎地区4月中旬萌芽，5月底开花，8月初果实上色，9月底果实成熟，晚熟品种。该品种果实容易上色，而且上色整齐均匀。抗病性较强，尤其高抗霜霉病。果实成熟后耐贮藏和运输。

第三节 无核葡萄品种

一、极早熟品种

1. 碧香无核

品种来源：国内培育，(葡萄园皇后×意大利)×莎芭珍珠杂交育成。欧亚种，二倍体，无核。

该品种是目前最早熟的无核葡萄品种，比京亚早熟15 d、比青提早熟20 d、比奥古斯特早熟15 d、比维多利亚早熟20 d。

果穗圆锥形，有歧肩，穗重600～800 g，最大1 200 g。穗形整齐。果粒近圆形，黄绿色，果粉薄，着生松紧度适中。平均粒重4 g，疏果或膨大后能达到6～8 g。果实总含糖量18.9%，含酸量0.25%，含可溶性固形物22%，浓香、特甜、脆肉、无核，品质极优。

枝条成熟度好，极丰产，1年可多次结果。庭院中如栽种几棵旭旺一号葡萄，可常年有葡萄吃。极有发展前途。

2. 无核寒香蜜

品种来源：欧美杂交种，国内培育，极早熟，风味香甜如蜜，抗寒抗病，因此得名。

嫩梢白绿色，密生绿色茸毛，茎尖几片小嫩叶粉红色，正反两面都有茸毛。节间中等长，成龄叶片近圆形，中等大而厚，无裂刻。叶面粗糙，叶背密生茸毛，锯齿钝。果穗圆锥形，多生2穗，单穗重300～500 g，果粒着生紧密，近圆形，平均单粒重4 g，膨大处理后可增加1～2倍。果皮粉红色，较厚。果粉中等厚，果肉软而多汁，含糖18%左右，香味浓，品质佳。

该品种树势强，结果率高，双穗率高，适合中短梢修剪。植株抗寒、抗病性极强，全国各地都能种植。比巨峰早熟20 d以上，属极早熟品种。

二、早熟品种

1. 弗蕾无核

品种来源：美国培育，欧亚种，1983年引入我国。又名火焰无核、早熟红无核、红光无核、红珍珠无核等。

嫩梢绿色，幼叶棕红色，茸毛稀少。成叶心脏形，较大，中等厚，表面光滑有光泽，叶缘向上，5裂。1年生成熟枝条呈浅红色，节膨大明显。

果穗圆锥形，带副穗，大而整齐，平均穗重565 g，最大920 g。果粒着生紧密。果粒红色，近圆形，平均粒重4.5 g，色泽美观。果皮果粉均薄，果肉脆，甘甜爽口，果皮与果肉难分离，果汁中等，含可溶性固形物15%～17%，无核或残核。果粒着色和成熟整齐一致，无绿粒。在树上可挂果时间长，过熟采收不落粒、不裂果、不软化、不萎缩、耐贮运。

树势强,抗性好,丰产。在平度7月初果实成熟,属极早熟品种。适宜棚架栽培,中、长梢修剪。

2. 夏黑

品种来源:又名夏黑无核。欧美杂交种。巨峰系。日本培育,2000年引入我国。

果穗多为圆锥形,有部分为双歧肩圆锥形,无副穗。平均穗重415 g,果穗大小整齐。果粒着生紧密或极紧密。果粒近圆形,平均粒重3.5 g,膨大处理后果粒重加倍。紫黑色至蓝黑色,着色一致,成熟一致。果皮厚而脆,无涩味,果粉厚。果肉硬脆,无肉囊,果汁紫红色。味浓甜,有浓郁的草莓香味。无核,无小粒、青粒,含可溶性固形物20%~22%,品质优。挂果时间长,耐贮运。

植株生长势极强。隐芽萌发力中等,萌芽率85%~90%,成枝率95%,枝条成熟度中等。每果枝平均花序数1.45~1.75。隐芽萌发的新梢结实力也强。

树势强健,抗病力强。早熟品种。在南方有一定的发展空间。

3. 金星无核

品种来源:20世纪80年代由美国引入,欧美杂交种。经过近20年的栽培,表现出特抗病,特丰产,适应性特广等优点。

嫩梢淡绿色,茸毛较多。成龄叶较大,浅绿色,中等厚。枝条成熟后节间淡红色。果穗中等大,圆柱形,有副穗。平均穗重370 g,最大630 g。果粒平均重4.2 g,膨大素处理后可达8~10 g,果粒圆形或椭圆形,蓝黑色,果粉厚。果肉略软,多汁,芳香味浓。可溶性固性物16%~19%,品质极上。有时个别有残存的种子,食用时无明显感觉。

生长势强,特丰产。在平度大泽山区,金星无核4月5日发芽,5月20日开花,7月上、中旬果实成熟。比巨峰早熟20 d,成熟期与京亚相近。对黑痘病、霜霉病和白腐病抗性极强,在山东全年基本不用打药。

本品种适宜任何架型的栽培和中、短梢修剪。

4. 无核早红(8611)

品种来源:河北培育,又叫无核 8611、美国无核王、超级无核。欧美杂交种,三倍体,无核。

嫩梢绿色带紫红色,幼叶绿色,成叶较大,近圆形,3～5 裂。1 年生成熟枝条红褐色,横截面近圆形,表面有条纹。果穗圆锥形,平均穗重 290 g。果粒近圆形,平均粒重 4.5 g,紫红色,果粉及果皮中厚,肉脆,含溶性固形物 14.3%,品质中上等。

经膨大处理后,果穗平均重 1 030 g,最大 1 600 g。粒重 9～10 g,最大 19.3 g。处理前无核率 85%,处理后无核率达 100%。处理后果粒由近圆形变为椭圆形,充分成熟后酸甜适口,果皮微涩。

生长势极强,枝条成熟度好。结实力、丰产性均强。对白腐病、霜霉病、炭疽病、黑痘病等抗性强。适应性广,对土壤要求不严。适合棚、篱架栽培,中、短梢修剪。

8611 是早熟品种,但前期脱酸较慢,最好等完全成熟后再采收。

5. 无核 8612

河北培育,8611 的姊妹系,欧美杂交种。

嫩梢浅紫红色,幼叶绿色,叶缘浅紫红色,有光泽,茸毛密。成叶较大,深绿色,近圆形,3～5 裂,上侧裂刻深,下侧裂刻浅,叶柄洼窄拱形或矢形。叶柄、叶脉紫红色。1 年生成熟枝条红褐色,节间较长。卷须间隔性。两性花。

果穗多圆锥形。平均穗重 300 g,着粒中等紧密。果粒椭圆形,平均粒重 4.8 g。膨大处理后能达到 8～10 g。果粉中等。果皮中等厚且韧,易剥离。果肉肥厚稍脆,极细腻,味较甜,含可溶性固形物 14%～18%,稍有玫瑰香味,品质上。着色整齐一致,成熟后不易裂果、脱粒,较耐贮运。

丰产性较强，抗性强，比 8611 早熟 3～5 d。全国各地均能种植。

三、中熟品种

1. 优无核（黄提）

品种来源：美国培育，又叫上等无核、美国黄提。欧亚种。

嫩梢淡红色，基部绿色，卷须红色。叶片中大，心脏形，叶缘锯齿钝，叶背无茸毛，无蜡质，叶色浓绿，叶脉白黄显著，叶柄中长，背面红色，叶质厚而韧，3～5 裂，裂刻深，叶柄洼方形。

果穗平均重 750 g，最大 1 200 g。圆锥形。果粒长卵圆形，平均粒重 6 g，成熟后微黄色，故市场消费者称之为“黄提”。皮薄、肉脆、汁多、无异味，甜酸适口，含可溶性故形物 17%～18%，品质上。无核，果刷长，果粒着生牢固，耐贮运。

适应性较强，丰产性好。比巨峰早熟 1 周，属中熟品种。植株生长势强，结实力中等。适合棚架栽培，中、长梢修剪。

2. 森田尼无核

品种来源：美国培育，又叫无核白鸡心、世纪无核。欧亚种。

嫩梢绿色，有稀疏茸毛。幼叶薄，绿黄略带褐色，有光泽，叶片表面及背面有稀疏茸毛。成叶极大呈心脏形，深绿色。1 年生成熟枝条为淡褐色。

果穗圆锥形，平均穗重 829 g，最大 1 361 g，果粒着生紧密。果粒长卵圆形，平均粒重 5.2 g，最大 6.9 g。用赤霉素处理后能达 10 g 以上。果粒着生牢固，不落粒，不裂果。果皮黄绿色，皮薄肉脆，浓甜，含可溶性固形物 16%，含酸 0.83%。微有玫瑰香味，品质极佳。成熟期比巨峰早 10 d，属中熟品种。

树势强，枝条粗壮。结果枝率 74.4%，每个结果枝着生 1～2 个果穗，双穗率达 30%以上。丰产。果实成熟一致，抗霜霉病强，易染黑痘病。

适合棚、篱架栽培，中、短梢混合修剪。

3.奇妙无核

美国培育，又叫黑美人、神奇无核、幻想无核等。1998 年引入。

嫩梢黄绿色，无茸毛，幼叶绿色，稍微带有紫色，有光泽。成叶中等大，深 5 裂，心脏形，叶缘锯齿锐，叶面光滑，叶面与叶背均无茸毛。叶柄洼开张拱形。

果穗圆锥形，平均穗重 500 g，最大 1 000 g。果粒着生中等紧密。果粒长圆形，黑色，果粉较厚，平均粒重 6.5 g，最大 8 g。成熟一致。果肉白绿色，半透明，果肉脆，硬度较大，果皮与果肉不易分离，风味甜。含可溶性固形物 16%～20%，品质极佳。无核或有少量残核。果实耐贮运性好。早熟品种。

树势旺，最好用棚架栽培，并注意环剥的运用。

四、晚熟品种

1.克伦生无核

品种来源：美国 1983 年培育，欧亚种。1998 年引入我国。别名克里森无核、克瑞森无核、绯红无核、克伦生无核、淑女红。由于外观漂亮，品质好，耐运耐贮，果实的市场销售很好，价格明显高于其他葡萄品种。

嫩梢红绿色，有光泽，无茸毛。幼叶紫红色，叶缘绿色。成熟叶片中等大小，绿色，深 5 裂。果穗中等大小，有歧肩，圆锥形，平均单穗重 500 g，最大穗重 1 500 g。果粒亮红色，充分成熟时为紫红色，上有较厚白色果霜，平均单粒重 4 g，环剥和赤霉素的应用可使果粒增加到 6～8 g。果肉浅黄色，半透明肉质，果肉较硬，不易与果肉分离，风味甜，可溶性固形物含量可达 19%以上，糖酸比大于 20∶1。采前不裂果，采后不落粒，品质极佳。

植株生长势旺，幼龄期丰产性较差。抗病性较强，易感白腐病和黑痘病。在平度大泽山农科园艺场,4 月 5 日发芽,5 月 20 日开花,9 月下旬采收。适合棚架栽培和高、宽、垂栽培,中、长梢修剪。

2. 皇家秋天

品种来源:美国加州大学农业研究中心杂交育成,欧亚种。1996 年发表,1999 年引入我国。又名秋皇家无核、无核皇后、八月皇家。

嫩梢绿色,无茸毛。幼叶薄,红绿色,叶缘向上弯曲,呈漏斗状,无茸毛,有光泽。成叶中等大,心脏形,5 裂,裂刻深。叶缘锯齿锐。叶表面、背面均无茸毛。叶柄红色,叶柄洼宽拱形。1 年生成熟枝条褐色。

果穗圆锥形,平均穗重 1 000～1 500 g。果粒排列松散至紧。果粒大,平均重 8.5 g,卵圆形或椭圆形,有时有残核。紫色至黑色,果皮中等厚,肉质硬而脆,半透明。味清甜,品质上。极耐贮运。

在平度大泽山农科园艺场,4 月 5 日发芽,5 月 20 日开花,7 月底开始着色,9 月中、下旬采收,可在树上挂至 10 月底,品质更佳。抗病性较强,易感白腐病。该品种最大的缺点是枝条极脆,易折断。最好采用棚架栽培,中、长梢修剪。

3. 红宝石无核

品种来源:美国培育,欧亚种。又名鲁贝无核、宝石无核等。

嫩梢绿色,略带紫红色条纹,无茸毛。幼叶厚,浅紫红色,有光泽。成叶心脏形,较平直,叶片厚,浓绿色,呈微波状,叶片 5 裂,上侧裂刻较深,下侧裂刻中深。叶面光滑,叶背有稀疏网状茸毛,叶脉黄绿色,叶柄绿色带红,叶柄洼呈开张椭圆形,叶缘锯齿小而钝。卷须间生,多数为三分叉,也有双分叉的。两性花。

一般穗重 800 g,最大 2 500 g。穗形较松散。果粒椭圆形,平均粒重 4 g。膨大处理后能增加 1 倍以上。果粉、果皮厚度中等。

含可溶性固形物16%，无核，味甜，口感好，果肉脆，耐贮运，品质上。9月中、下旬成熟。适应性较强，较抗霜霉病、白粉病，不抗黑痘病。

树势强，生长旺，早果、丰产性好。适合棚、篱架栽培，长、中、短梢结合修剪。

第四节 制汁品种

一、康克

品种来源：美洲种，原产北美，是从野生美洲种葡萄实生苗中选育的。别名康可、黑美汁。

嫩梢绿色。幼叶绿色，厚，叶面有光泽，茸毛稀，叶背密生乳白、粉红色茸毛。1年生枝条红褐色。成龄叶心脏形，叶片大，厚，全缘或浅3裂，锯齿圆顶形，叶面粗糙，叶背密生黄褐色毡状毛，叶柄洼开张宽拱形。两性花。果穗小，穗长12～14 cm，宽10 cm，重150～200 g，圆柱形或圆锥形，中等紧密，有副穗。果粒中等大，纵、横经均为1.6～1.7 cm，单粒重2～3 g，近圆形，蓝黑或紫黑色。果肉多汁，有肉囊，浆果成熟时散发出强烈浓郁的草莓香味，含糖量14～16度，含酸量0.68%～8%，出汁率65%～75%。每粒果含种子2～3粒。生长势强，结实力强，萌芽率高，结果枝率63%，每果枝平均果穗数2.2个。产量中等，亩产1 000 kg左右。在山东平度8月20号成熟，属中熟品种。

康克适应性极强，抗寒，在我国华北地区可不埋土安全越冬。抗病性强，易管理。

二、康拜尔

品种来源：原产美国，在我国主要用于鲜食和制汁。别名康拜尔早生。

嫩梢绿色,有茸毛和红色珠状腺体。幼叶黄绿色带紫红色,叶面、叶背均密生茸毛,玫瑰红色,1年生成熟枝条红褐色,节间较长。成龄叶心脏形,大,厚,浅3裂或近全缘,叶面深绿色有网状皱纹,叶背有黄褐色毡状茸毛,叶缘锯齿圆顶形,叶柄洼开张矢形。两性花。果穗中大,穗长10～13 cm,宽6～8 cm,穗重130～250 g,最大穗重700 g,圆锥形,有副穗和歧肩,果粒着生紧密,不易落粒,可推迟采收以增进品质。果粒中等大,纵、横经均为1.9～2.1 cm,单粒重4～5 g,近圆形,紫黑色,着色均匀,果皮厚,果肉柔软,有肉囊,具浓郁草莓香味,含糖16%,含酸量0.68%,出汁率80.6%,每粒果含种子3～4粒。生长势强,结实力极强,结果枝率79.3%,每结果枝平均果穗数2个,常有3穗果,副梢结实力弱。产量高,一般亩产1 500 kg,产量过高时品质下降。8月上旬完熟,属中熟品种。适应性强,耐瘠薄,抗寒,全国各地均可栽培,抗黑痘病、霜霉病和白粉病,宜棚架或篱架栽培。

康拜尔汁,有典型康克果汁风味,酸甜适口,果香淡雅,回味深长,稳定性好,易栽培。

三、紫玫康

品种来源:欧美杂交种。是山西农业大学用玫瑰香和康拜尔杂交育成。经上海农科院园艺所引种栽培和制汁鉴定,制汁性状优于世界名牌品种黑贝蒂等6个外国品种,并具独特荔枝风味。

果穗圆锥形,平均穗重102 g。果粒重4 g。果皮紫红色,果肉柔软多汁,有肉囊。含糖量14%,含酸量1.25%。味酸甜,产量中等。

浆果出汁率73%。汁紫红色,果香味浓,酸甜适口,风味醇厚,有新鲜感。是我国南方制汁优良品种。

四、柔丁香

中大，平均穗重 205 g，中紧。果粒椭圆形，平均 4.5 g，绿黄色，果粉厚，皮厚，有肉囊，味甜，草莓香味浓。含糖 17%，含酸 0.6%～0.9%，出汁率 65%。适应性强，抗病性强，抗旱、抗湿、抗寒，喜肥水和排水良好的沙瓤土，宜篱架栽培。生产上要注意适时采收，浆果过熟，香味散发迅速，影响葡萄汁的香味和浓度。

柔丁香可酿制浓香型葡萄汁，也可作为调香葡萄汁，为其他葡萄汁增加香气。该品种是欧美杂交种中草莓香味最怡人和浓度最高的品种。

第五节　砧木品种

一、贝达

品种来源：美洲种，原产美国，为美洲葡萄和河岸葡萄的杂交后代，早年引入我国，目前在东北及华北北部地区做抗寒砧木栽培。

嫩梢绿色，有粉红附加色。成龄叶片较大，叶片较薄。果穗较小，平均穗重 142 g。果粒着生较紧密，平均粒重 1.75 g，近圆形，紫黑色，皮较薄，味酸，有草莓香味，可溶性固形物含量 15.5%，含酸量 2.6%，出汁率 77.4%，生食品质不佳。

植株生长势极强，适应性强，抗病、抗湿力强，特抗寒，在华北地区可不埋土安全越冬。枝条扦插容易生根，与欧洲品种或欧美杂交种品种嫁接，亲和性良好，是较好的抗寒、抗涝砧木。

贝达品种抗寒性显著强于一般欧亚种品种和欧美杂交种品种，且与栽培品种嫁接亲和性良好，因此华北、东北地区用其作为抗寒砧木。贝达作为鲜食品种砧木时有明显的“小脚”现象，而且对根癌病抗性稍弱，栽培时应予重视。近年来发现，在南方地区，贝达作为葡萄砧木还有明显的抗湿、抗涝特性。因此，在南方葡萄产区贝达作为抗湿砧木也有良好的应用价值。

二、SO_4

品种来源：德国从冬葡萄和河岸葡萄杂交后代中选育出的葡萄砧木品种。我国由法国引入。

嫩梢被白色茸毛，边缘具桃红色。新梢截面棱形，枝条节处呈紫色。幼叶古铜绿色，上有丝状茸毛；成龄叶中大。新生枝条较细，成熟枝条深褐色，有棱，枝上无毛，芽较小而尖。卷须长，常分为3杈。雄性花。

SO_4 是一种抗根瘤蚜和抗根结线虫的砧木，耐盐碱，抗旱、耐湿性显著，生长旺盛，扦插易生根，并与大部分葡萄品种嫁接亲和性良好。

SO_4 是世界各国广泛应用的抗根瘤蚜、抗根结线虫砧木，生长旺盛、易扦插繁殖，嫁接亲和性良好。我国山东、浙江等地已将其应用于生产，其嫁接苗生产旺盛，抗旱、抗湿，结果早，产量较高，嫁接品种成熟期略有提早现象。SO_4 作为欧美杂交种四倍体品种的砧木时有“小脚”现象。

三、5BB

品种来源：法国由冬葡萄与河岸葡萄的自然杂交后代中经多年选育而成为葡萄砧木品种，我国由美国引入。

嫩梢梢冠弯曲成勾状，密被茸毛，边缘呈现桃红色。幼叶古铜色，叶片被丝状茸毛；成龄叶大，楔形，全缘，主脉叶齿长，叶边缘上卷，叶柄洼拱形，叶脉基部桃红色，叶柄上有毛，叶背无毛，叶缘锯齿拱圆宽扁。雌性花。果穗小，果粒小，黑色，不可食。新梢多棱，成熟枝条米黄色，节部色深，枝条棱角明显，芽小而尖。

5BB 抗根瘤蚜，抗线虫，耐石灰性土壤。植株生长旺，1 年生枝条长而且直，副梢抽生较少，产枝力高，扦插生根率高，嫁接成活率高。在田间嫁接部位靠近地面时，接穗易生根和萌蘖。一些地区反映与品丽珠等品种嫁接有不亲和现象。

5BB 引入我国时间不长，在各地试栽表现出明显的抗旱、抗南方根结线虫和生长快、生长量大的特点，浙江等省用其做鲜食品种砧木生长结果表现良好。但该砧木与部分品种嫁接有不亲和现象，而且抗湿、抗涝性较弱，生产上要予以重视。

第三章　葡萄高标准建园

葡萄高标准建园，对无风险栽培，获得高品质的产品，以及所产生的经济效益关系较大。因此，从建园开始，就要高起点、高标准，制定详细的栽培管理实施方案和操作技术规程。首先，要考虑到当地的农业种植结构，葡萄的适栽范围和商品价值，充分利用好天时、地利、人和等自然优势；其次，要贯彻集中连片，形成规模优势；同时，遵循便于经营管理和应用现代科学技术手段以及参与市场竞争的原则；还要依据葡萄对生态条件的要求，选择适合当地的品种。

第一节　园地选择与土壤改良

一、园地选择

葡萄比较适合山地、坡地栽植，应选坡度＜20°的地形，且修筑水土保持工程；在谷地或洼地的下部易积聚冷空气，引起霜害，不宜种植葡萄；坡地易发生干旱和日灼，要有一定的灌溉条件。

沙质土壤保水、保肥性能差，可采用“限根”（沟槽式薄膜限根），适当地密植栽培。

平原土壤肥沃，容易积水，应采用“起垄”（40～50 cm 高、80～100 cm 宽）栽培。

葡萄栽培一般选择南坡或西南坡地，南北行向建园。

二、土壤改良

选择土壤质地良好，土层深厚 50 cm 以上，最好在 80 cm 左右的梯田、坡地，或便于排灌的肥沃沙壤栽培，要求土壤疏松、透气，pH 值中性或微酸性；且地下水位 1 m 以下。

第二节　葡萄定植

一、定植前挖栽植沟，施足基肥

挖栽植沟宽、深 0.8～1 m。表心土各放一边（侧），沟底放 20～40 cm 碎麦（玉米）秸，一层秸秆，一层土，土壤按原有结构，中上部混施腐熟圈肥（猪、羊、马、牛、鸡粪），视肥料质量情况，施足基肥 5 000 kg 左右，混施 30～50 kg 过磷酸钙或钙镁磷肥，用铁锹将粪土混合铲入沟内 40 cm 处，然后用栽植行间表土填满栽植沟，灌水沉实，准备定植苗木。

二、定植前苗木分级与修剪

选择品种纯正的一级苗木栽植，是实现葡萄早实丰产的基础，无论自育苗或外购苗，都要仔细检查，避免品种混杂。

对苗木进行严格分级，使栽植的苗木粗度和根系状况大体一致，并留足 10%的预备苗。

定植苗木于春季（北方地区 4 月上旬）进行；秋季定植 11 月中、下旬为好。种植前将苗木用 3 波美度石硫合剂进行消毒；苗木地上部留 2～3 芽，其余剪除，过长根适当剪除，使粗根先端露出剪截新茬。

三、苗木定植

根据事先规划的葡萄园栽植模式，选择用“贝达”、“SO_4”、“山葡萄”等根系发达、抗寒性较强砧木嫁接的品种苗，每定植沟栽一行；准备苗木，按事先确定规格，将苗木分级栽植。

苗木栽植后，立即浇水，使根系与土壤密接，将露于地表的枝段压低，上覆湿土，顶芽剪口似露非露，然后覆地膜压紧，提高根际地温及土壤保墒，地膜上覆 5～10 cm 沙土。在苗木发芽前，除特别干旱的情况尽量不浇水。

苗木萌芽后，除去顶部以上的虚土，确保安全出苗。

四、抹芽与定枝

苗木芽眼普遍萌发后进行抹芽，本着“留下不留上，留壮不留弱”的原则，尽量选留靠近苗木基部已萌发的两个芽，但同一节位不能留双芽。

新梢普遍生长到 25 cm 左右时定枝。一般每株留 1 个新梢，疏除弱梢，壮枝可留 2 个新梢；定枝后，将新梢引绑到支架的第一道铁丝上，以防风折。

第三节　高效肥水利用

一、浇水

有灌溉条件的葡萄园，一般栽植后连灌 2～3 次水，保持土壤湿度 60％～80％之间，确保苗木成活；苗木发芽后，及时松土保墒，天旱时隔行浇水；并在行间种植绿肥覆盖保墒。

二、增施有机肥料、微肥

(1)葡萄根系恢复生长，新梢进入迅速生长期，可追 1～2 次速效化肥，以果树专用肥为主，每次株施 50～100 g，开条沟或轮状沟施入，沟深 10 cm 左右；生长前期的结果园，少量追施氮素，供给枝蔓、叶片的快速生长。据平度大泽山农科园艺场葡萄品种园试验：发芽前少量追施尿素或喷干枝，即 100 kg 水＋1.5 kg 尿素＋0.5 kg 硫酸铜，葡萄叶片明显肥大、增绿，果穗、果粒增大，病害降低。

(2)有机肥(基肥)的施用，一般在葡萄果穗采收后或落叶前进行，尽量避免在春季施用，以免烧根和影响肥效。结果后的葡萄园，每生产 500 g 葡萄投入 1 000～1 500 g 土杂肥，挖沟深 30～40 cm 施入。据调查大量施用有机肥料，葡萄的根系分布深，吸收根多，枝蔓生长粗壮，叶片发育完善，果实风味好；有机肥料中含有丰富的腐殖质，对土壤颗粒结构的形成和理化性状的改善，以及养分更好地分解、转化和吸收利用，持续不断地发挥肥效作用极大；有机肥料中不仅含有氮磷钾 3 种营养要素，而且含有多种微量营养元素，养分供应全面，能够满足葡萄营养生长和生殖生长的需要(表 3-1)。

(3)钙肥在葡萄花后 2～3 周施用，每隔 5 d 喷 1 次 0.5%～1%的氯化钙，喷 2～3 次，可增加果粒硬度；果粒着色后，每亩追施磷酸二氢钾 30～40 kg，可使葡萄充分完熟；采收后，用 3%的氯化钙浸果穗 20 min，可增加果粒的硬度和耐储性。

(4)葡萄采摘后，喷 2～3 次 0.3%～0.5%磷酸二氢钾＋0.3%尿素，可延缓叶片衰老，提高光合效率，增强树势，达到枝蔓、芽眼充实饱满，为第 2 年丰产打好基础。

(5)硼肥和锌肥在 7～8 月份挖(5～10 cm)浅沟施入；并根据葡萄生长发育情况，适时、适量追施铁、镁、锰等肥，以满足葡萄生长结果对微量元素的需求。

表 3-1　主要有机肥营养成分含量

种类	有机质（%）	氮（%）	磷（%）	钾（%）	钙（%）	镁（%）	锌（mg/kg）	铁（mg/kg）	锰（mg/kg）	硼（mg/kg）	钼（mg/kg）
猪粪	18.28	0.547	0.245	0.294	0.494	0.222	34.43	1 758.3	115.82	2.92	0.243
马粪	20.926	0.437	0.134	0.381	0.475	0.127	52.806	1 622.14	132.20	3.001	0.352
牛粪	14.941	0.383	0.095	0.231	0.434	0.106	22.61	942.7	139.31	3.16	0.264
羊粪	32.296	1.014	0.216	0.532	1.305	0.254	51.74	2 581.3	268.36	10.33	0.578
鸡粪	23.766	1.032	0.413	0.717	1.347	0.262	65.92	3 540.0	164.01	5.41	0.512
堆肥	12.834	0.277	0.066	0.596	1.959	0.380	173.221	4 200.9	233.23		
麦秸	46.3	0.31	0.04	0.65	0.27	0.068	11.5	330.0	42.8	2.0	0.18
玉米秸	27.9	0.30	0.044	0.38	0.16	0.073	11.7	149.0	19.9	1.8	0.16

三、栽培方式与整形修剪

根据葡萄生长结果习性，确定合理的栽培形式。篱架每亩栽330～400株，应用扇形整枝，棚架每亩栽160～200株，应用扇形整枝，培养优质丰产的树体结构。

将冬剪母蔓均匀、水平地绑在第一道铁丝上。发芽后，新梢长到60～70 cm时留50 cm摘心，顶端副梢留2片叶反复摘心，其余副梢留1片叶摘心。

花前疏除副穗、掐除1/4或1/5的穗尖；生理落果后（花后15～25 d）进行整穗、疏粒，套袋前喷杀菌剂，待药液干后进行套袋。

四、枝蔓保护

栽培当年的葡萄应浇封冻水，秋植葡萄枝蔓应埋土防寒，第2年春季发芽前刨出绑枝上架；在树盘内覆地膜提高地温，加速枝蔓生长。据山东省鲜食葡萄研究所品种园试验：新植葡萄园，春季葡萄发芽前，树盘内覆1 m^2 地膜，1周后地表10 cm处地温平均提高5～6℃，地膜下20 cm和40 cm土壤含水量分别提高22%和21%，成活率达95%以上。

第四章　葡萄整形与修剪

整形修剪是葡萄综合管理中的一项重要栽培技术，通过整形修剪，培养优质丰产的树体结构，使枝蔓、果穗在架面上合理分布；调节生长与发育、开花与结果、衰老与复壮等关系，从而达到连年稳产优质，高效低耗和健壮长寿的目的。

第一节　葡萄整形修剪的有关知识

一、整形修剪的名词

主干：自地下根干上长出的独根枝蔓。

主蔓（主枝）：自主干上发出的大骨干枝。

侧蔓：自主蔓上发出的各级枝蔓。

延长蔓：主、侧蔓延长的1年生蔓称为延长蔓。

臂：呈水平方向生长的主蔓。

结果母蔓：1年生的成熟蔓，次年能抽生结果枝的蔓。

新梢：带有叶片的绿色新枝。

副梢：新梢中夏芽萌发的枝梢。

结果枝：带有花序或果穗的新梢或副梢。

结果系数：某品种每个新梢平均结果穗数。

二、整形修剪的特性

（1）顶端优势性　又叫先端优势或极性，指同一个枝蔓的顶端芽或上部萌发的枝梢生长势最强，并向下依次减弱的现象。与枝蔓的生长势、着生位置有关。

(2)直立优势性　直立的枝蔓生长强旺，随着绑缚的角度加大，生长势逐渐减弱，这种现象称为直立优势性。

(3)芽的异质性　同一枝蔓上不同部位的芽眼，在其生长发育期间，由于所处的部位，外界环境条件以及内部营养状态的不同，芽的优势也不相同，称为芽异质性。

(4)芽的早熟性　在当年形成的新梢上，能连续形成 2 次梢或 3 次梢，这种特性称为芽的早熟性。

掌握以上特性，可作为修剪的依据，灵活运用。

三、修剪的基本方法

冬季修剪常用的方法有截、疏、缩 3 种。

(1)截　又称短截，是把 1 年生蔓剪去一段，留下一段。留 2～3 芽为短梢修剪，留 4～6 芽为中梢修剪，留 7～12 芽为长梢修剪，仅保留基部隐芽或 1 个芽的称极短梢修剪，留芽数超过 12 个以上的称为极长梢修剪。短截可以减少结果母蔓上过多的芽眼，节约养分，促进生长；剪留优质芽，有利于萌发优良的结果新梢；另外，根据架面和空间的大小，可采用不同的剪截程度，调节新梢密度和结果部位，达到均匀结果的要求。

(2)疏　又称疏枝，是将整个枝蔓从基部剪去。疏枝主要疏密枝、老弱枝、病虫枝、徒长枝，可起到改善光照、促进生长、减少病虫危害、均衡树势的作用。

(3)缩　又称缩剪，把 2 年以上的枝蔓去一段，留一段。缩剪可起到更新枝势，控制结果部位，改善光照，均衡和调节树势的作用。

第二节 葡萄整形

一、整形的原则

1. 主干的有无与高低

北方埋土防寒的地区采用无主干栽培，枝蔓呈一定角度倾斜引缚，以利于埋土防寒和充分利用地表辐射热来增加积温。南方非埋土防寒的地区可留主干，高度依据当地温、湿、风、霜等情况而定，在温度较高、湿度大、风小、霜多处，主干宜高，约在 1.5 m 以上，可减轻病情、霜害、日灼等不良影响。

2. 架式的选择

当水分充足，土壤肥沃，树势生长旺的品种多采用大株形的棚架，单株营养面积大，每亩栽几十株至百株，反之则应适当密植，立架整形。

3. 更新复壮

葡萄最佳经济效益的树龄，一般为 20～30 年，有的树龄达百余年仍可丰产，短者十几年。树龄的长短与品种特性有很大关系，如欧亚种的东方品种群，通常进入结实期较晚，寿命较长，老蔓更新年龄以 15 年为好，而西欧和黑海沿岸品种群则进入结实期较早，寿命较短，老蔓更新年龄多在 10 年以内。

根据上述 3 方面，来确定整形时主干有无与高低、架式、营养面积的大小以及更新复壮的年限等。

二、葡萄常用树形及整形技术

(一)篱架整形(篱架、篱壁架)

篱架整形是生产中常用的一种，一般采用单臂篱架和双臂篱架两种形式。它适于精细管理和机械化，地面受热量大，通风透光好等优点。一般分为扇形整枝和水平整枝。

1. 扇形整枝

北方普遍采用，能合理地利用架面，容易更新，产量较高。若管理不善，盛果期结果部位上升、外移，有效结果枝减少。因所留主蔓的多少分为：小扇形（2 个主蔓）、中扇形（3～4 个主蔓）、大扇形（5～6 个主蔓），决定主蔓的多少，因栽培的品种、土壤地力、水浇条件以及栽植密度等而不同。

小扇形：适用于生长势弱的品种、瘠薄的土壤条件栽培。第 1 年：定植苗高 40～50 cm 时摘心，将基部一个生长发育良好的副梢培养为另一主蔓（干），如果一个定植穴内栽两株葡萄苗时，可不留副梢只摘心，增加枝蔓粗度；冬剪时，枝蔓粗壮充实的枝条可留长 50～60 cm，弱枝则留 20～40 cm。第 2 年：发芽后，每个枝蔓留 2～3 个粗壮、部位合适的新梢，其余全部疏除。新梢应在 40～50 cm 处摘心。冬剪时每个新梢留 2～5 个芽短截，作为下年的结果母蔓。第 3 年：发芽后，每个结果母蔓留 1～3 个新梢作为结果枝，树形基本完成，以后冬剪按照品种的生长特性，进行双枝更新。

中扇形：适宜于生长较强的品种、土壤肥力适中与肥水较好的条件栽培。第 1 年：定植苗高 40～60 cm 时摘心，同时选留基部 1～2 个生长发育良好的副梢培养为另外的主蔓（干），冬剪时尽量留基部 2～3 个枝，按其生长势及部位剪留，一般中间枝留 40～60 cm 短截，两侧（副梢枝）枝留 30～50 cm 短截，形成 3 个主蔓。第 2 年：发芽后，每个主蔓选留 1～3 个生长发育良好、部位合适的新梢，其余应全部除去。冬剪时每一主蔓按新梢生长情况留 1～3 个枝，短截后作为下一年的结果母枝。第 3 年：发芽后，每个结果母枝上选留 1～3 个结果枝，使其均匀地分布在架面上。以后冬剪按双枝或单枝更新修剪。

大扇形和多主蔓扇形：整形与小、中扇形相似，只是多留主蔓，加大株行距，选择生长势强的品种与肥水条件优越的情况下采用。

据大泽山镇山东头村“泽香”葡萄园调查：扇形整枝 80%采用中短梢修剪，冬剪时留 2～4 节，并重缩部分弱枝，留基部 1～2 个芽培养预备枝，一般条件下，盛果期的“泽香”、“玫瑰香”葡萄园每亩留结果母枝 1 600～1 800 条，生长季节新梢控制在 4 000 条、果穗 35 000 个左右，标准果穗 400～1 000 个，“泽香”品种产量控制在 1 500～2 000 kg 之间，“玫瑰香”品种产量控制在 1 500 kg，营养枝与结果枝比 1∶4，叶穗比 40∶1，叶粒比 1∶1.5。

立架扇形树形，一般行距 2 m 左右，株距 1～1.5 m，架高低于行距，架面拉 3～5 道铁丝。

2. 水平整枝

枝条在架面上水平分布均匀，果穗多集中在一条水平线上。一般分双臂单层和双臂双层、单臂单层和单臂双层等形式。篱架水平整枝一般由 3 道铁丝组成，第 1 道铁丝距地面 0.6 m，第 2 道铁丝 1 m，第 3 道铁丝 1.4～1.65 m。

双臂单层水平整形：适宜于生长势中等的品种，土壤肥水一般和酿酒品种整形。第 1 年：定植当年，苗高 40～60 cm 时摘心，培养一个粗壮的枝蔓，冬剪时留 30～60 cm。第 2 年：芽萌发后，选留上部生长强壮的两个新梢，向两侧延伸成两个臂枝，呈水平状态引缚，冬剪时根据生长情况各剪留 30～50 cm 作为双臂。第 3 年：春天将 2 臂枝呈水平状态引缚于第 1 道铁丝上，萌发后按 20 cm 左右留 1 个新梢垂直引缚，成为当年结果枝，先端选一粗壮新梢呈 45°角倾斜引缚。冬剪时按中、短梢修剪，作为第 2 年的结果母枝，先端的新梢进行中、长梢修剪，使其向前延伸直至布满株间为止。第 4 年：每 1 个结果母枝上留 2～3 个新梢作为结果枝，冬剪时每个结果枝进行中、短梢修剪和适当更新母枝，使结果部位相对稳定，保持树势均衡。此种树形操作简单，病害轻，易于生产优质果，但不宜于在埋土防寒区推广。单臂单层与上法相同，只是每株只留 1 个臂，只向一侧延伸，较宜于埋土防寒。

改良水平整形：在一个定植穴（沟）内栽两株葡萄苗（或插条），第1年冬剪时各留40～60 cm，第2年春将其交叉缚于第一道铁丝上，按20 cm左右留新梢作为结果枝，冬剪时按20～30 cm留1个粗壮的枝作为次年的结果母枝，对细弱、过密枝剪除。改良水平整形可加速整形过程和便于埋土防寒，适合密植，便于更新等优点，可大面积推广应用。

双臂双层水平整形：整形方法基本与双臂单层水平整形相同，只是在第2道铁丝上用同一方法再留1层臂枝，最好从基部培养，否则会互相影响，造成上强下弱，或下强上弱的不良后果。

单臂双层水平整形与双臂双层水平整形相同，但是双层臂枝均向一侧延伸。

（二）棚架整形

棚架整形一般采用小棚架和大棚架两种形式。它具有通风透光、病虫危害轻、质量好等优点。整形一般有独龙干、多主蔓扇形、少主蔓自然扇形、垂形、丫形架。

独龙干：选大苗、壮苗每株仅留一个主蔓，主蔓即是龙干，主蔓上不留侧蔓，直接着生枝组，在主蔓两侧每隔25～30 cm配置一个短梢枝组，这些枝组称为龙爪。第1年：新梢长至1.5 m时摘心，使枝蔓充分成熟，冬剪时根据生长势定其剪留长度，枝条粗度在1 cm以上时，枝条可留长1.2～1.5 m，反则短剪。第2年：主蔓留1个新梢长放，作延长主蔓，其余按15～20 cm，配置1个固定的结果部位（俗称龙爪）进行极短或短梢修剪。第3年：留先端新梢长放布满架面，其余结果枝均进行极短或短梢修剪。

这种整形法操作简便，易于管理，适用于生长势强的品种在干旱山地采用，也可与大田作物间作，独龙架通常产量较低，含糖量高，着色好，主干加粗后不易埋土防寒。

多主蔓扇形：一般每株留4～5个主蔓，主蔓上再分生若干侧蔓呈扇状分布。第1年：新梢长到50 cm时摘心，在基部留1～2

个粗壮的副梢，其余副梢去掉，顶部留 2～3 个副梢向前延伸，冬剪时各留 30～50 cm 作为主蔓。第 2 年：春天萌芽后每个主蔓上留 2～3 个新梢，其余均去掉，冬剪时按生长势强弱进行长、中、短梢修剪作为侧蔓。第 3 年：春天萌芽后根据枝条生长强弱和枝蔓分布稀密进行疏芽，一般每隔 12～15 cm 架面留 1 个新梢(结果枝)。冬剪时按枝条分布情况及生长强弱进行不同长度修剪，一般枝条粗壮、新梢距离较大或作为延长梢时可进行长梢剪，反之则用中、短梢修剪，为第 2 年结果母枝。

少主蔓自然扇形：一般有 2～3 个主蔓，主蔓上分生侧蔓。适合于株距较小的棚架栽培，株距 1～2 m。定植当年选留 1～2 个健壮的新梢作主蔓，冬剪时剪留 60～80 cm 短截；第 2 年每个枝梢顶部留 2 个生长健壮的新梢，冬剪时留 1 长梢作延伸用，选留 1～2 个发育良好的成熟新梢作侧蔓，其余均作结果母蔓用中、短梢修剪。以后每年将主蔓线段的新梢留作延长蔓，以尽快布满架面为止，主蔓上的侧蔓用长、中、短梢修剪均匀布满架面。

棚架整形时间长，多采用“先篱后棚”的改良式整形方法。这种方法是结果的前 1、2 年在棚架垂直部分采用篱架整形，促其尽早结果，而到第 3 年枝条延伸到水平架框时及时将架形改为棚架。这样既利用了篱架早结果，见效快的特点，同时又利用棚架的水平生长特点，有效地缓和了枝梢生长，增加了结果面积。

高、宽、垂形：主干高度 1.2～1.5 m，即在立柱顶端分别绑 1 根长 0.55～0.6 m 的木棍，以立柱为中心，两端等长，然后在木棍两侧分别拉 1 根 12 号铁丝，当年新梢长到立柱顶端时摘心，选留 2 个副梢分别引绑于两铁丝上并沿铁丝延伸以培养结果母蔓，冬剪时枝条粗度在 0.8 cm 以上时按中、短梢修剪；第 2 年春天出土上架时，将结果母蔓水平固定在铁丝上，发芽后及时定枝、抹芽，一般每隔 20 cm 左右留 1 个新梢，新梢自然下垂，可缓和新梢生长、减轻病害及便于埋土防寒。

“Y”形架:第1年栽苗(扦插苗、嫁接苗或营养袋苗均可)选留1个壮梢。在不埋土防寒地区,当苗高0.8～1 m时摘心打顶,并垂直固定在第一道铁丝上。将萌发的2个副梢分别水平引缚在每一道铁丝上。将来成为“Y”形架的双臂主枝。冬剪时按照其老化程度短截。如果在冬季埋土地区,当苗高超过1 m时,成一定角度斜向固定在第一道铁丝上,不摘心,使其单向顺铁丝水平生长。翌年单双臂上就会有部分新梢结果。

第三节 葡萄修剪

葡萄修剪是指进行合理修剪,确保树势健壮、枝蔓分布均匀、从属关系明确,充分利用架面,为优质高产创造条件。一般分为冬季修剪和夏季修剪。

一、冬季修剪

葡萄落叶后或第2年春季芽萌动前进行的修剪,又叫休眠期修剪。其任务是:培养树形,调整枝蔓,平衡树势,培养更新枝组,保持结果枝与营养枝比例,调控枝蔓密度,改善树体通风透光条件,剪除病虫、残弱枝,更新复壮枝蔓,提高产量和质量。

埋土防寒地区,应在落叶后、土壤封冻前修剪;不埋土防寒的地区,可在最低温度过后至萌芽前3周进行。修剪时应掌握以下几个方面。

(一)选留优质的结果母蔓

优良的结果母蔓是取得优质丰产的基础,因此冬剪时必须重视剪留母蔓的质量,掌握去劣留优的原则。一般优质结果母蔓枝条充实圆满,成熟度高,髓部较小,节间短,节部突起,节眼饱满;皮色正常,无病虫危害,选留这种枝蔓的芽眼,萌芽率高,花序分化好,果穗大。

(二)结果母蔓长度

冬剪时,结果母蔓的剪留长度应依品种的结果习性、树势强弱、母蔓在架面上所处部位及所起作用的不同而区别对待。

由于葡萄品种的结果习性不同,花芽在结果母蔓上的芽位也不同,因此剪留长度也不同。如生长强旺的"泽香"、"牛奶"等品种,基部芽眼不易成花,宜以中、长梢修剪为主。而生长中庸或较弱的"玫瑰香"、"贵人香"、"莎芭珍珠"等品种,新梢基部易成花,冬剪时应以中、短梢修剪为主。

同一品种因长势不同而剪留长度也不同。对强旺枝可采用长梢或极长梢修剪,中庸枝可行中度修剪,弱枝则可短留。

架面基部的结果母蔓要短留,以防结果部位上移而造成基部光秃。架面空处要长留,密处要短留。整形期间的主、侧蔓、延长蔓要长留,以尽快扩大树冠。

水平形和龙干形上的枝组,适用于连年短截;扇形整枝可长、中、短相结合。大棚架可采用中、长梢和极长梢为主,结合短梢的修剪法;篱架可采用长、中、短混合修剪法。

(三)结果母蔓的留量

冬季修剪后,所留结果母蔓及芽眼的数量,不但直接影响到当年的产量和品质,也影响到下一年度的产量和树势。所以,确定合理的结果母蔓,以及芽眼留量是冬季修剪的重要环节。

确定母蔓及芽眼合理留量,一般采用各自的经验公式进行计算,应因地制宜加以运用。各种计算方法的共同点是以树定产,由产量计算结果,确定新梢留量,推算冬剪时母蔓和芽眼的留量。有的则以前 2～3 年的产量作依据,确定今年的株产量。例如:今年株产 20 kg,留 17 个母蔓,如果明年计划株产 25 kg,应留多少个结果母蔓?可代入以下经验公式计算:

冬剪应留结果母蔓数＝上年所留结果母蔓数×明年计划产量/今年实际产量＝17×25/20＝21(个)

加上葡萄埋土、出土及其他管理措施造成的机械损失等，再多留10%～20%的母蔓作保险。因此，实际剪留的结果母蔓数应是23～25个。根据标准化葡萄生产的要求，结果母蔓所剪留量为：篱架架面8～10个/m^2，棚架架面6～8个/m^2。

确定了留蔓数量，根据母蔓的剪留长度，确定适宜的芽眼留量。也可用下列公式测算：留芽量＝计划产量/平均果穗重×萌芽率×果枝率×结果系数×成枝率。

(四)平衡树势

葡萄生长发育中，由于修剪不当或枝芽受伤死亡等因素，往往造成树势生长不平衡。如出现上下左右、地上与地下不均衡等。冬剪时要采取相应的措施，调整树势，维持树体均衡。

削弱顶端优势、促进下部枝蔓的长势。在树冠的强旺部分，不留顶端第1个强旺枝，而留第2个或第3个中庸蔓作为结果母蔓或延长枝。同时，上部适当少留蔓，以免影响下部枝蔓的长势。

回缩复壮。当一个主蔓中、下部表现衰弱时，可用缩剪的方法，把需要留枝的部位缩剪为顶端枝，以增强其长势。

疏强去弱促中庸。对强旺的隐芽枝、萌蘖枝和纤弱枝，在冬季修剪时疏除，以促进中庸枝的长势。

对基部枝蔓，连年短剪少留，保持一定的优势在基部结果。

(五)更新修剪

更新修剪的作用：一是保持骨干枝和结果母蔓的生长优势；二是防止和纠正结果部位的外移，也兼有均衡树势的作用。

1.骨干枝更新

葡萄生长到一定的时期会出现局部衰弱或强旺以及架面空秃的情况，已长至架面顶部的主、侧蔓延长枝仍会逐年向前延伸生长，因此必须采取更新修剪予以复壮、抑强，补空，保持骨干枝良好的结果部位。根据更新部位和程度不同可分以下3种。

小更新：在主蔓和侧蔓前端更新称为小更新。这是在对主、侧蔓不固定的扇形整枝中，用得比较普遍的更新方法。一般采用缩前留后防止结果部位外移太快。

中更新：在主蔓的中段和大侧蔓近基部的更新称中更新。在2种情况下使用：一是主侧蔓后部枝蔓生长衰弱，剪去前端部分，以复壮中、后部枝蔓的生长势；二是防止基部光秃，剪去中部以上枝蔓，把顶端优势转移到基部，以复壮基部枝蔓。

大更新：将主蔓的大部或全部更新称大更新。一般是在主蔓基部以上枝蔓受严重冻害、病害而损伤，而基部有新枝和萌蘖可接替的情况下，可更新老蔓用新枝代替。对于大更新要慎重行之，可先培养新枝再更新老蔓。

2.结果母枝更新

由于新梢不断向前延伸，结果部位逐年向先端移动，如果不立即更新，下部会很快光秃，或因上部留枝太多而出现枝蔓拥挤。冬剪时，必须留足预备枝更新，以保持结果母枝优势，避免结果部位上移。

双枝更新：利用中、长梢结果，连年采用双枝更新法，以保持结果部位不外移。具体方法是：第1年冬剪时，在结果部位留2～3芽短截，次年春留2个新梢；第2年冬剪时，将顶端枝按中、长梢修剪作为结果母枝，下端枝留两个芽作为预备枝；第3年冬剪时，缩剪上端结果母枝连同其上的1年生枝及其下的一段3年生枝，把预备枝抽生的2个枝蔓，采用前长后短的方法短截，即留一长一短，这样年复一年，维持结果部位不上升外移。

单枝更新：冬季修剪时，只留1个当年生枝，采取短剪，或长剪。第2年春季萌发后，选留基部生长良好的1个新梢，冬剪时作为第2年的结果母枝。长梢单枝更新可结合倾斜、水平引缚等，使各枝节萌发的新梢分布均匀，有利于第2年回缩更新。

二、夏季修剪

夏季修剪:在5～8月份进行,主要任务是抹芽、定梢、摘心,调节当年生长与结果的关系,使新梢在架面上分布均匀,改善风光条件;调节营养分配,促进养分积累,促进花芽分化和果实膨大,减轻病虫害;改善树体的生长发育状况,提高产量和质量。

(一)抹芽

葡萄萌芽后,抹除以下几种芽,以节省水分和养分。

抹副芽:每个冬芽能萌发1个主芽和1～2个副芽,主芽先萌发而且壮实,大部分带有花穗;副芽一般不带花穗,应及早抹除。但在负载量不足时,可适当留少量双芽。

抹谎芽:不带花序的主芽叫谎芽。除根据需要培养部分结果母蔓,或增加叶果比保留的一部分都要抹除。

抹隐芽:从老蔓上发出的芽,一般生长瘦弱而不带花序,除留个别芽用来补空外,一般全部抹除。

此外,对生长纤弱的主芽、畸形芽,从地上根茎发出的萌蘖枝应及早抹除。

(二)定梢

当新梢长到10 cm,能看清楚花序的有无及大小时进行。定梢一年进行1次,晚霜危害多发的地区最好分2次进行。定梢是关系到新梢密度和植株负载量是否合理的一个措施,应根据品种特性、管理措施、历年产量和留梢量决定。常用的有以下两种方法:

依据产量定梢法:根据所栽品种在正常年份的平均果穗重,留用新梢的结果枝率和结果系数,结合当年计划产量来确定合理的留梢量。即每亩留梢量=计划产量/结果系数×单穗重×结果梢率。由每亩留梢量和栽培株数,计算出单株留梢量。

依据密度定梢法:指单位面积架面内平均留梢数。一般肥沃土壤及大叶片品种，每平方米架面留 8～12 个新梢，瘠薄土壤及小叶片品种，每平方米架面留 14 个左右。

在进行定梢与抹芽时，还应考虑留足更新预备枝。

（三）新梢摘心和副梢处理

摘去正在生长的新梢和副梢的顶端，以减少新梢生长所消耗的营养物质；摘心对防止落花落果，提高坐果率有显著的作用，同时可促进花芽分化，枝蔓发育充实，起到改善风光条件的作用。

新梢摘心的时期和方法：对巨峰等坐果率不高的品种的结果枝要在开花前 1 周左右，在花穗以上留 5～6 片叶摘心；对“泽香”等坐果率高的品种，在落花后 1 周内，果穗前的 6～8 片叶摘心；对发育枝的摘心应根据整形和结果需要而定；对延长枝蔓可留 15～20 片叶摘心；作为明年的结果母枝可留 8～12 片叶摘心。

副梢处理：葡萄具有 1 年多次生长、多次分枝的特性，副梢生长量大，抽生次数多，是一项繁重的工作。新梢摘心后，副梢大量萌发，如果不及时进行处理，就会因消耗养分而影响坐果和新梢生长，造成架面郁闭，不利于树体的光合作用。生产中常用以下两种方法处理。

大部保留，少量去掉：花穗以下不留副梢，而花穗以上副梢留 1～2 片叶摘心，大部分品种可用此法。

顶部保留，其余去掉：只留顶端 2 个副梢，留 3～4 片叶摘心，发二次副梢时再摘心，其余副梢全部去掉。适合叶大、果穗小，以及副梢生长迅速的品种。

第五章　葡萄周年管理

第一节　埋土防寒

一般年份冬季绝对最低温度在－14℃以下或早春干旱、低温在－10℃以下的地方，均属埋土防寒地区。

一、埋土防寒时间

埋土时间应在土壤封冻之前为好，埋土过早因土温高、湿度大易发生芽眼霉烂，若埋土过晚，在封冻后进行，不仅取土不易，同时因土块大，封土不严，起不到防寒作用。

二、埋土防寒方法

(1)地上全埋法　修剪后将植株枝蔓缓缓捆缚在一起，小心地压倒在地面上，然后用细土覆盖严实。覆土厚度以当地绝对最低温度和品种抗寒性而定，一般在冬季低温为－10℃时覆土15 cm，－15℃时覆土 20 cm，－17℃时覆土 25 cm，温度越低覆土越厚。此法适用于立架、幼龄、密植园和盐碱地或地下水位较高的地方。

(2)地下全埋法　沿植株枝蔓延伸的方向，挖深、宽各 30～50 cm 的沟，然后将枝蔓压入沟内再行覆土。在特别寒冷的地方，应先覆有机物，如树叶、干草等，然后再覆土。此法多适用于大棚架、枝蔓多、老龄葡萄园。

(3)局部埋土法　可分为基部埋土和梢部埋土。采用基部埋土，植株冬季不修剪、不下架，封冻前在植株基部培高 50 cm 左右的土堆，冬季最低温过后再修剪，此法适于抗寒、抗旱能力较强的品种或冬季绝对低温在－15℃以上，且空气湿度较大的地方。采用梢部埋土，冬季将新蔓和部分主蔓弯曲，置于地面，然后用土覆盖严实，其优点是省工、简便，缺点是防寒效果较差。

三、埋土防寒操作要点

埋土防寒前在每株葡萄茎干下架的弯曲处下方先用土或草秸做好垫枕，防止在植株上埋土时压断茎干或主蔓。埋土时先将枝蔓略为捆束轻轻放入沟内，两侧用土挤紧，然后上方覆土，边培土边拍实，防止堆内透风。

四、防早霜措施

在生长期短的地方，为防止早霜危害葡萄枝叶，秋季应增施磷、钾肥，加强夏季枝蔓管理和病虫防治，促使枝蔓及早成熟，也可于早霜来临前突击下架，并适当覆盖，以减轻冻害。春季易发生寒流危害的地区，除选用萌芽晚、预备枝结实力高的品种和早春多次浇水，以缓和土温，推迟出土和修剪外，若在发芽后出现晚霜时，可熏烟或喷水或喷天达-2116、爱多收等防止霜冻为害。

第二节 出土上架

一、出土时间

当春季气温升达 10℃时就应出土。通常是在土壤解冻后开始，发芽前全部完成。出土过早易受冻害；出土过晚，幼芽在土内萌发，若土壤湿度大芽易霉烂，而且出土时容易碰伤嫩芽。具体出土时间应根据当年的气候和所栽品种物候情况确定。一般在芽眼膨大前即应及时出土。出土操作过程要细心谨慎，防止碰伤枝蔓和芽眼，造成不应有的损失。

二、枝蔓上架

春季出土在芽眼萌动前后，要尽快把老蔓和结果母蔓绑缚在架面上，为以后新梢合理分布打好基础，上架时要细心操作，防止碰伤、碰掉已膨大的芽眼。并将伤残枝、过密枝疏除，以调节芽眼负载量，通过对枝蔓的绑缚，合理利用架面，达到通风透光，便于管理。

三、绑新梢

当新梢长到 30～40 cm 时，应及时绑缚，使新梢均匀排列，不交叉，重叠。并将果穗隐垂于叶片下，避免前期强光曝晒发生日灼。随着新梢生长要及时进行多次绑缚。葡萄绑缚采用“8”字形绑缚，以防枝条在铁丝上擦伤或磨断。

第三节 花序、果穗的整理

对花序、果穗进行整理，改善树体养分的供应状况，促进坐果、增色，提高产量、质量，达到果穗松紧适度，果粒大小均匀。

一、拉长花序

部分品种在花序基本成形时（开花前 5 d 左右），用花序拉长剂“奇宝”（美国雅培公司生产，A_3 含量 20%）处理，可使花序拉长，提高葡萄的商品质量。具体方法：用“奇宝”1 瓶，直接加水 40 kg，配成 40 000 倍液（5 mg /L）于晴天下午 4 时后，用喷雾器喷果穗或盛药液的器皿浸蘸果穗。一般每亩盛果期红地球用 40 kg 药水即可。

二、疏花序

在坐果多的情况下，要适当疏除部分花序。果穗留量一般按叶果比确定，单果重 500 g 以上的果穗要求叶果比（30～50）：1，250 g 以上的果穗叶果比（20～30）：1。也可根据新梢的粗度确定留穗量，一般直径在 1 cm 以的粗壮新梢每梢可留两穗果，直径在 0.7 cm 左右的可留一穗果，也可根据新梢的粗度确定留穗量。细弱的新梢不留果穗。

三、去副穗，掐穗尖

对坐果稀疏或易落花落粒的品种，在开花前去副穗、掐穗尖（去掉 1/5～1/4）可明显提高坐果率和葡萄内在品质。对坐果率高的红地球品种于谢花后 1 周内去除副穗、掐去穗尖 1/5，同时沿穗轴逢两小穗去 1 穗，使每穗留 7～8 个小穗，每小穗平均 10 粒果左右，每穗 70 个果粒左右。

四、果穗整理

果穗整理在生理落果后、果粒数基本稳定时进行。果穗整理主要是剪除生长不正常或过小、过密的果粒，使果粒在果穗上分布均匀，整个果穗匀称发育。

第四节　果穗套袋

大泽山地区“玫瑰香”、“泽香”葡萄套袋已有十几年的历史，病虫害得到了有效地控制，种植户积累了丰富的经验，从 20 世纪 80 年代开始应用，目前基本得到了推广普及。套袋技术的应用，使病害普遍减轻，“泽香”等品种的裂口明显减少，成为生产优质、高档葡萄的重要生产环节。

一、套袋

葡萄果穗套袋一般在谢花后 15～25 d，即果穗整理后，果粒如黄豆大小时进行。

套袋前先在果穗上喷 1 次杀菌剂如科博或甲基托布津等，待药液干后即可开始套袋。套袋应选用透气性和耐雨水冲刷性好的纸袋。葡萄纸袋的长度一般为 35～40 cm，宽 20～25 cm，具体长度、宽度大于所套葡萄品种成熟时果穗的长度和宽度。套袋时将纸袋吹开，小心地将果穗套进袋内，袋口可绑在穗柄所着生的结果枝上。套袋后，在进行田间管理时，注意不可碰动纸袋，防止影响果穗和果粒。

套袋果穗、果粒的新鲜度、商品率明显提高，能有效地防止病虫危害，减少风吹和减轻中小冰雹的袭击，减少农药污染与残留；有利于生产“绿色食品”，增加经济效益。

二、摘袋

红色品种在采收期前 10～20 d，先将纸袋下部撕开进行通风见光锻炼，再将袋摘掉，可避免高温伤害，以利充分上色；对容易着色和无色品种可以不摘袋，带袋采收。

第五节　环状剥皮

一、方法与目的

用环剥刀在果穗下一节上 3 cm 处环剥 3～5 mm 宽的皮层（也可用铁丝或绳子绞缢），阻止叶片合成的营养向下输送，达到提高坐果率，增大果粒的目的。

二、时间及效果

由于环剥的时期不同，产生的效果不同。花前 5～6 d 环剥，可明显提高坐果率。果实膨大期环剥可增大果粒，浆果停长期环剥可增进果实质量。但过长环剥可引起树势衰弱，寿命缩短等不良后果，因此生产上要慎重运用。

第六节　除卷须、摘老叶

一、除卷须

卷须缠绕易造成枝梢紊乱，如果不及时摘除，卷须老熟后不易去除，影响采收、修剪，在生长过程中也消耗大量养分与水分，因此一般结合摘心、绑蔓、去副梢等去除卷须。

二、摘老叶

当果穗着色后，摘除部分果穗附近已老化的叶片，改善果穗通风透光条件，促进果粒着色，减少病害，提高浆果质量。但摘叶不能过多、过早，否则影响光合作用和养分的积累，造成不良后果。

第六章 葡萄病虫害及其防治

病虫害防治是栽培中的主要内容。随着葡萄种植面积的扩大，葡萄病虫害已成为栽培管理中的突出问题。据资料介绍危害葡萄的主要病虫害有40多种，国内已知30多种，其中真菌病害27种，细菌病害2种，病毒病3种，线虫病害3种，生理病害5种，各种害虫10多种。葡萄受到病虫的为害，轻者生长发育不良，产量下降，品质降低；重者造成整株整枝死亡，以致绝产无收。为此，葡萄病虫害防治要遵循"预防为主、综合防治"的方针。

第一节 葡萄主要病害及其防治

一、葡萄黑痘病

(一)症状

葡萄黑痘病主要侵染植株的幼嫩组织，葡萄幼嫩的叶片、叶柄、果实、果梗、穗轴、卷须和新梢等部位都能发病。幼叶感病后，叶面上初形成针头大小的红褐色斑点，渐渐形成中部浅褐、边缘暗褐色并伴有晕圈生成的不规则形病斑。后期病斑中心组织枯死并脱落，形成空洞，病斑大小比较一致。叶脉感病，受害部位停止生长，使叶片扭曲、皱缩、甚至枯死。新梢、叶柄、卷须感病，出现圆形或不规则形褐色小斑，渐呈暗褐色，中部易开裂。严重时，数个病斑愈合成一片，最后造成病部组织枯死。幼果感病，初生圆形褐色小斑点，以后病斑中央变成灰白色，稍凹陷，边缘紫褐色，似"鸟眼"状，后期病斑硬化或龟裂，病果小而变畸形，味酸，失去食用价值。

成长的果粒受害，果粒仍能长大，病斑不明显，味稍变酸。当环境潮湿时，病斑上产生灰白色黏质物，即病菌的分生孢子团。穗轴感病，常使小分穗甚至全穗发育不良，甚至枯死。

（二）发生规律

黑痘病主要以菌丝在病枝蔓的溃疡斑内越冬，也能在病叶、病果等部位越冬。第 2 年 4～5 月份借风雨传播到植株绿色幼嫩的部位。病害的流行与降雨、空气湿度及植株生育幼嫩状况等有直接关系。多雨、高湿有利于分生孢子的形成、传播和萌发侵染；组织柔嫩，有利侵染发病。各器官组织长大、老化后则抗病。

（三）防治方法

（1）因地制宜，选用抗病品种。

（2）彻底清洁田园，消灭菌源。结合修剪，及时剪除病组织。彻底清除架面、地面上的病残体，并立即集中烧毁或深埋。

（3）葡萄发芽前喷布 3～5 波美度石硫合剂可兼治其他病害和虫害。

（4）在葡萄展叶后至果实着色前，每隔 10～15 d，及时喷 1 次 200 倍半量式波尔多液或 80％喷克 800 倍液或 78％科博 500 倍液与甲基硫菌灵或多菌灵等内吸杀菌剂交替使用。最重要的是开花前和落花后这两次药必须认真抓好。

（5）苗木消毒。插条和苗木可传播病菌，因此新建葡萄园应进行消毒后再定植。可用 10％的硫酸亚铁＋1％粗硫酸或 3 波美度石硫合剂浸苗或喷布均能收到良好的预防效果。

二、葡萄炭疽病

（一）症状

葡萄炭疽病又名晚腐病，全国各葡萄产区均有分布。在多雨年份易引起果实的大量腐烂，造成丰产而不能丰收。此病除为害葡萄外，也侵染苹果、梨等多种果树。炭疽病菌主要侵害果实，果实发病初期，果粒上产生针头大小的淡褐色斑点或雪花状的斑纹，后渐扩大呈圆形，深褐色稍凹陷，其上产生许多黑色小粒点并排列成同心轮纹状，即病原菌的分生孢子盘；环境潮湿时，小粒点上涌出粉红色黏胶状物，即分生孢子团。病斑可扩大到半个或整个果面，果粒软腐，易脱落或失水干缩成僵果。穗轴和果梗感病，呈现椭圆形或梭形深褐色病斑，影响果穗生长，严重时使果粒干枯脱落。嫩梢、叶柄发病，症状与之相似，但不常见。叶片、卷须等组织上一般不表现症状，室内保湿培养也可产生病菌，故认为该病为潜伏侵染性病害。

（二）发生规律

炭疽病菌主要以菌丝在结果母枝和架面上的 1 年生枝、穗轴、卷须等部位越冬。病菌潜伏在皮层内，以近节部最多。孢子借雨滴、风力或昆虫传播到幼果上，经过萌发之后通过果皮上的小孔侵入到表皮细胞。经过 10～20 d 便可出现病斑，某些品种上直至始熟期才表现症状；传播到新梢、叶片上后侵入到组织内部，但不形成病斑，外观看不出异常，这种带菌的新梢（第 2 年的结果母枝）可成为下一年的侵染源。

田间观察表明，凡连接或靠近结果母枝的果穗，发病率高且会形成发病集中，上下成片的现象。葡萄越近成熟期发病越快，潜伏期也越短，有时只有 2～4 d，这是因为果实后期糖度高，果实表皮产生大量小孔，孢子萌发侵入的机会就会越多，发病也就严重；同时，葡萄近成熟期，正值 7、8 月份高温、多雨的夏季，因此最利于病害的流行。

发病与栽培条件、管理水平和选择的地势有关。凡株行距过密、留枝量过多、通风透光差、田间湿度大的果园，有利于病菌的滋长蔓延，发病就重；清扫田园不彻底、架面上挂着病残体多的果园发病就重；地势低洼、排水不良、地下水位高、土壤板结黏重的果园发病就重。

品种间抗病性也有差异。一般欧亚种感病重，欧美杂交种较抗病。

(三)防治方法

(1)选用抗病品种。

(2)加强栽培管理。及时绑蔓摘梢、合理留枝，改善架面通风透光，要尽可能提高结果部位，以不利病菌的侵染蔓延；此外，疏花时剪去发病变黑的花穗可减少幼果的侵染；雨后及时排水，降低田间湿度，控制病菌侵染；每年秋冬季施足有机肥，果实发育期间追适量磷、钾肥，保持植株旺盛长势，提高树体抗病能力。

(3)清洁田园减少越冬菌源。结合冬季修剪，剪除带病枝梢及病残体。

(4)药剂防治。葡萄炭疽病有明显的潜伏侵染现象，应提早喷药保护。①重视展叶前的防治：春天葡萄芽萌动时，对结果母枝喷铲除剂。所用药剂有 3 波美度石硫合剂或 100 倍腐必清。对重病园可在发芽后再对结果母枝喷一遍 50%退菌特 500 倍液，消灭残余的越冬病菌。②开花前后可喷 1∶0.7∶240 的波尔多液或 78%科博 500 倍液或多菌灵-井冈霉素可湿性粉剂 800～1 000 倍液，或 75%百菌清 600～800 倍液，或 50%甲基硫菌灵悬浮剂 800 倍液。③6 月下旬至 7 月上旬开始，每隔 10～15 d 喷 1 次药，连喷 3～4 次，喷药的重点是保护果穗。施用杀菌力强的药剂，也可与保护性药剂如波尔多液或 80%喷克或 50%代森锰锌或 78%科博等轮换交替使用，以免产生抗药性。注意雨后补喷强力杀菌剂，以杀死将要萌发侵入的孢子。④果穗套袋可明显减轻炭疽病的发生。⑤加黏着剂：在药液中加入 3 000 倍的皮胶或其他黏着剂，减少雨水冲刷，提高药效。

三、葡萄白腐病

(一)症状

葡萄白腐病也叫腐烂病，是葡萄产区普遍发生的一种主要病害。阴雨连绵的年份，常引起大量果穗腐烂，对产量影响很大，损失率可达20%～60%。该病主要为害果穗(包括穗轴、果梗及果粒)，也能为害新梢及叶片。接近地面的果穗尖端，其穗轴和小果梗最易感病。发病初期，果粒产生水浸状、淡褐色、不规则的病斑，呈腐烂状，发病1周后，果粒密生一层灰白色的小粒点，病部渐渐失水干缩，果蒂部分先变为淡褐色，后逐渐扩大呈软腐状，以后全粒变褐腐烂，但果粒形状不变，穗轴及果梗常干枯缢缩，严重时引起全穗腐烂；挂在树上的病粒逐渐皱缩、干枯成为有明显棱角的僵果。果粒在上浆前发病，病粒糖分很低，易失水干枯，深褐色的僵果往往挂在树上长久不落，易与房枯病相混淆；上浆后感病，病粒不易干枯，受震动时，果粒甚至全穗极易脱落，有明显的土腥味。枝蔓发病，在受损伤的地方、新梢摘心处及采后的穗柄着生处，特别是从土壤中萌发出的萌蘖枝最易发病。发病初期，病斑呈污绿色或淡褐色、水浸状、用手触摸时有黏滑感，表面易破损。随着枝蔓的生长，病斑也向上下两端扩展，变褐、凹陷，表面密生灰白色小粒点。随后表皮变褐、翘起、病部皮层与木质部分离，常纵裂成乱麻状。当病蔓环绕枝蔓一周时，中部缢缩，有时在病斑的上端的病、健交界处，养分输送受阻变粗或呈瘤状，秋天顶端的叶片变红或变黄，对植株生长影响很大。叶片发病，多在叶缘或破损处发生，发病初期呈污绿色至黄褐色，圆形或不规则形水浸状病斑，逐渐向叶片中部蔓延，并形成深浅不同的同心轮纹，干枯后病斑极易破碎。天气潮湿时形成的分生孢子器，多分布在叶脉的两侧。该病最主要的特点是：病粒、病蔓在潮湿的情况下，都有一种特殊的霉烂味。

(二)发生规律

病原菌以分生孢子器及菌丝体在病组织上越冬，散落在土壤中的病残体，成为翌年初侵染的主要来源。土壤中的分生孢子器可存活 2～7 年。第 2 年初夏遇雨水后，分生孢子借助雨溅、风吹和昆虫等传播到当年生枝蔓和果实上，遇有水湿时分生孢子即可萌发，通过伤口或自然孔口侵入组织内部，进行初侵染。以后病斑上又产生分生孢子器并散射出分生孢子，反复进行再侵染。进入着色期和成熟期，由于小果梗间蜜腺集中易积水，有利于孢子的萌发侵入。因此，小果梗、穗轴易感病，且发病重。发病时间，因年份和各地气候条件不同而有早晚。初夏时降雨的早晚和降雨量的大小，决定了当年白腐病发生的早晚和轻重。发病程度以降雨次数及降雨量为转移，降雨次数越多，降雨量越大，病菌萌发侵染的机会就越多，发病率也越高。暴风雨、雹害过后常导致大流行。因此，高温、高湿是白腐病发生和流行的主要因素。清园不彻底，越冬菌累积量大，或管理不善，通风透光差；或土质黏重，地下水位高；或地势低洼，排水不良；或结果部位很低，50 cm 以下的葡萄架面留果穗多的发病均重，反之发病则轻；酸性土壤较碱性土壤易感病。品种间抗病性也有差异，一般欧亚种易感病，欧美杂交种较抗病。

(三)防治方法

(1)因地制宜选用抗病品种。

(2)清园减少病菌的初次侵染源。①生长季节摘除病粒、病蔓、病叶，冬剪时把病枝、叶、果粒清除干净，集中烧毁或深埋。②春天浇透水后铺地膜，于葡萄植株两侧铺地膜，以隔离土壤中的病菌，减少侵染机会，同时起到保温、保水、保肥和灭草的作用。

(3)加强栽培管理。①增施有机肥料，合理调节负载量，增强树势，提高树体抗病力。②提高结果部位，第 1 道铁丝距地 50 cm，以下不留果穗，以减少病菌侵染的机会。③生长期及时摘心、绑蔓、剪除过密枝叶或副梢，中耕除草，改善架向及架式，以利田间通风透光。注意雨后及时排水，降低田间湿度，减轻病害的发生。④花后对果穗进行套袋，以保护果实，避免病菌侵入。

(4)药剂防治。①土壤消毒：对重病果园要在发病前用50%福美双粉剂200倍或用3波美度的石硫合剂喷洒地面，可减轻发病。②生长期喷药防治：开花前后以波尔多液、科博类保护剂为主。必须在发病前1周左右开始喷第1次药，以后每隔10～15 d喷1次，至果实采收前20 d为止。所用药剂有：80%喷克可湿性粉剂800倍液或70%甲基硫菌灵超微可湿性粉剂800倍液或1∶0.5∶200倍波尔多液或25%戴唑霉乳油1 500倍或50%福美双800倍液或70%代森锰锌700倍液等，均有良好的防治效果。使用以上杀菌剂时可交替轮换使用，避免用单一药剂而产生抗药性。

四、葡萄霜霉病

(一)症状

霜霉病在国内各葡萄产区分布很广，生长季节多雨潮湿的地区发生较重。流行年份，病叶焦枯，提早落叶，枝蔓不成熟，对产量及树势均有影响。葡萄霜霉病主要为害叶片，也能侵染嫩梢、花序、幼果等绿色幼嫩组织。叶片受害初期产生半透明、水浸状不规则形病斑，渐扩大为淡黄色至黄褐色多角形病斑，大小不一，通常多个病斑连在一起，形成黄色、干枯大斑。环境潮湿时，病斑背面产生一层白色的霉层，即病原菌的孢囊梗及孢子囊。后期病斑干枯变褐，病叶易提早脱落。嫩梢、花梗、卷须、叶柄发病，与之相似，但病梢生长停滞，扭曲，甚至枯死。幼果感病，病部呈灰绿色，并生有白色霉层。感病果粒后期皱缩脱落。有时感病的部分穗轴或整个果穗也会脱落。

(二)发生规律

病菌主要以卵孢子在落叶中越冬。暖冬时也可附着在芽上和挂在树上叶片内越冬。卵孢子随腐烂叶片在土中能存活 2 年。翌年春天气温达 11℃条件适宜时，卵孢子既可萌发产生游动孢子，借风雨传播到绿色组织上，由气孔、皮孔侵入，经 7～12 d 的潜育期，又产生孢子囊，进行再侵染。土壤湿度大和空气湿度大的环境条件均有利霜霉病的发生，因此降雨是引起病害流行的主要因子。病菌萌发、侵染均需要有雨水和雾露时才能进行。春季和秋季的低温多雨的环境条件，均易引起病害的发生和流行；葡萄不同的种和品种对霜霉病的感病程度不同，欧亚种葡萄高度感病，美洲葡萄较少感病，圆叶葡萄、沙地葡萄较抗病。另外，果园地势低洼，杂草丛生，通风透光不良，也易发病。

(三)防治方法

(1)冬季清园，收集病叶、病粒、病梢等病组织残体，彻底烧毁，减少越冬菌源。

(2)加强栽培管理，尽量剪除靠近地面不必要的枝叶，控制副梢的生长；保持良好的通风透光条件，降低葡萄园的湿度；增施磷钾肥料，提高葡萄的抗病能力。

(3)药物防治。发病初期喷 200 倍的石灰半量式波尔多液或 50％克菌丹 500 倍液或 65％代森锌 500 倍液或 40％乙膦铝可湿性粉剂 200 倍液或 25％甲霜灵可湿性粉剂 1 000 倍液，以后每隔 10～15 d 喷 1 次，连续 2～3 次，可以获得较好的防治效果。以 25％甲霜灵粉剂 2 000 倍液分别与代森锌或福双美 1 000 倍液混用，比单用效果更好，同时还可以兼治其他葡萄病害。利用甲霜灵灌根也有较好的效果。方法是在发病前用稀释 750 倍的甲霜灵药液在距主干 50 cm 处挖深约 20 cm 的浅穴进行灌施，然后覆土，在霜霉病严重的地区每年灌根 2 次即可。用灌根法防治药效时间长，不污染环境，更适合在庭院葡萄上采用。

五、葡萄根癌病

（一）症状

根癌病发生在葡萄的根、根茎和老蔓上，发病部位形成愈伤组织状的癌瘤。发病初期，稍带绿色和乳白色，质地柔软；随着瘤体的长大，逐渐变为深褐色，质地变硬，表面粗糙。瘤的大小不一，有的数十个瘤簇生成大瘤。老熟病瘤表面龟裂，在阴雨潮湿天气易腐烂脱落，并有腥臭味。受害植株树势衰弱，严重时植株干枯死亡。

（二）发生规律

根癌病为细菌性病害。该种细菌可以侵染苹果、桃、樱桃等多种果树，病菌随植株病残体在土壤中越冬，条件适宜时，通过各种伤口侵入植株，雨水和灌溉水是该病的主要传播媒介，苗木带菌是该病远距离传播的主要方式。细菌侵入后，刺激周围细胞加速分裂，形成肿瘤。一般 5 月下旬开始发病，6 月下旬至 8 月份为发病的高峰期，9 月份以后很少形成新瘤，温度适宜，降水多，湿度大，癌瘤的发生量也大；土质黏重，地下水位高，排水不良及冻害等都能助长病菌侵入，尤其冻害往往是葡萄感染根癌病的重要诱因。品种间抗病性有所差异，玫瑰香、巨峰等高度感病，而龙眼、康太等品种抗病性较强。

（三）防治方法

（1）繁育无病苗木是预防根癌病发生的主要途径。一定要选择未发生过根癌病的地块做育苗苗圃，杜绝在患病园中采取插条或接穗。在苗圃或初定植园中，发现病苗应立即拔除并挖净残根集中烧毁，同时用 1%硫酸铜溶液消毒土壤。

（2）苗木消毒处理。在苗木或砧木起苗后或定植前将嫁接口以下部分用 1%硫酸铜浸泡 5 min，再放于 2%石灰水中浸 1 min；或用 3%次氯酸钠浸 3 min，以杀死附着在根部的病菌。

(3)在田间发现病株时，可先将癌瘤切除，然后抹石硫合剂渣液、福美双等药液，也可用 30～50 倍的 10%杀菌优或 50 倍菌毒清消毒后再涂波尔多液。对此病均有较好的防治效果。

(4)田间灌溉时合理安排病区和无病区的排灌水的流向，以防病菌传播。

(5)生物防治。用 MI 农杆菌素，能有效地保护葡萄伤口不受致病菌的侵染。其方法是将葡萄插条或幼苗浸入 50 倍的 MI15 农杆菌素稀释液中 30 min，或用 K84 菌株发酵产品制成的拮抗根癌病生物农药——根癌宁 30 倍液浸根 5 min；病株治疗时，在刮除病瘤的部位贴附吸足 30 倍液根癌宁药棉防治。

六、葡萄穗轴褐枯病

(一)症状

穗轴褐枯病也叫轴枯病，主要危害葡萄花穗的花梗、果穗的果梗、穗轴、分支穗轴及幼果。发病初期，先在花梗、穗轴或果梗上产生褐色水浸状斑点，扩展后，使果梗或穗轴的一段变褐坏死，不久便失水干枯变为黑褐色、凹陷的病斑。湿度大时，斑上可见褐色霉层。当病斑环绕穗轴或小分枝穗轴一周时，其上面的花蕾或幼果也将萎缩、干枯、脱落。发病严重时，几乎全部花蕾或幼果落光。幼果感病，病斑呈黑褐色、圆形斑点，直径为 2～3 mm，病变仅限于果皮，随果粒逐渐膨大，病斑结痂脱落，对果实生长影响不大。

(二)发生规律

该病以分生孢子和菌丝体在结果母枝和散落在土壤中的病残体上越冬。当花序伸出至开花前后，病菌借风雨传播，侵染幼嫩穗轴及幼果。5 月上旬至 6 月上中旬的低温多雨有利于病菌的侵染蔓延。病菌为害幼嫩的花蕾、穗轴或幼果，使其萎缩、干枯，造成大量落花落果。一般减产 10%～30%，严重时减产 40%以上。当果粒长到黄豆粒大小时停止侵染发病。南方的梅雨天气，有利于该病的发生蔓延。另外，地势低洼，管理不善，通风透光差的果园发病重。巨峰是易感品种，康拜尔、新玫瑰、龙眼、玫瑰露等抗病。

(三)防治方法

(1)冬季修剪后彻底清洁田园，将病残体集中烧毁或深埋。并把果园周围的杂草、枯枝落叶清除干净，减少越冬菌源。

(2)葡萄芽萌动后，结果母枝喷 3 波美度石硫合剂，消灭越冬菌源。

(3)在花序伸长至幼果期，及时喷 50%多菌灵可湿性粉剂 800 倍液，或 75%百菌清 800 倍液，或 70%甲基托布津可湿性粉剂 1 000 倍液，或 80%大生 M45 可湿性粉剂 800 倍液，或 50%扑海因可湿性粉剂 1 000 倍液，或 25%戴唑霉乳油 1 500 倍，连喷 2～3 次，把病害消灭在初发阶段，并可兼治葡萄灰霉病、黑痘病、白腐病等。

七、葡萄酸腐病

葡萄酸腐病已成为法国葡萄重要病虫害之一，如果防治不利，可造成 50%～70%的损失。近年来，我国山东、河北、河南、天津等地均有发生，如不加以重视和防治，葡萄酸腐病将成为我国葡萄果实的重大病害。

(一)症状

感病果粒褐色或红色，果穗松散；烂果流坏水并有醋酸味，烂果里面可以见到白色的小蛆(醋蝇，属于果蝇属)，烂果粒、穗外面附有会飞的小蝇子(体长 4 mm 左右)，烂粒后期只剩带种子的空壳。导致产量和果实含糖量降低。

(二)发生规律

伤口侵入，如冰雹、风、蜂、鸟或病害造成的伤口及导致果穗周围高湿度的各种因素(湿度大的风、叶片过密等)是发生该病的前提条件。酵母菌、细菌、醋蝇三者共同作用发病，即醋酸酵母和细菌是产生病症的主要原因，即酵母把糖转化为乙醇，然后需氧细菌把乙醇氧化为乙酸，乙酸的气味引诱醋蝇，醋蝇飞来飞去传播病害孢子为传病介体。传播途径包括外部（表皮）和内部（病菌经过肠道后照样能成活）。世界上有 1 000 种醋蝇，其中法国有 30 种；一头雌蝇一天产 20 粒卵（每头可以产 400～900 粒卵），一粒卵在 24 h 内就能孵化，3 d 可以产生新一代成虫；对杀虫剂产生抗性的能力非常强（如敌杀死、二嗪农等）。

（三）防治方法

以防病为主，病虫兼治。一要加强综合管理，增强抗病能力。二要及时剪除烂果并深埋。三要加强喷药防治，必备是目前最优秀的杀菌剂（对真菌、细菌有效），必备为 AA 级无公害农药。封穗期用 80% 的可湿性粉剂必备 400 倍，转色期喷 400 倍必备与 3 000 倍歼灭混合使用，成熟期再用一次 400 倍必备可较好地防治酸腐病。

八、葡萄灰霉病

（一）症状

葡萄灰霉病菌主要侵染花序、幼果和将要成熟的果实，也能侵染新梢、叶片、果梗。成熟的果实也常因该病菌的潜伏存在，成为贮藏、运输和销售期间引起果实腐烂的主要病害。在用葡萄酿酒时若不慎混入了灰霉病的病果，在发酵中由于病菌的分泌物，能造成红葡萄酒颜色的改变，并影响酒的质量。花序、幼果感病，先在花梗、小果梗上或穗轴上产生淡褐色、水浸状病斑，后变暗褐色软腐。天气潮湿时，病处长出一层鼠灰色的霉状物，为病原菌的分生孢子梗和分生孢子。天气干燥时，感病的花序、幼果逐渐失水、萎缩，最后干枯脱落，造成大量落花、落粒，甚至整穗落光。新梢及叶片感病，产生淡褐色、不规则的病斑，在病叶上有时出现不太明显的轮纹，后期病斑上也出现灰色霉层。果实上浆后感病，果面出现褐色凹陷病斑，扩展后整个果实腐烂，先在果皮裂缝处产生灰色孢子堆，后蔓延到整个果实，便长出鼠灰色霉层。

（二）发生规律

病菌以菌核、分生孢子和菌丝体随病残组织在土壤中越冬。该病原菌是一种寄主范围很广的兼性寄生菌，多种水果、蔬菜和花卉都发生灰霉病。因此，病害初侵染源除葡萄园内的病粒、病枝等越冬病残体外，其他场所的越冬病菌，也能成为葡萄灰霉病的初侵染源。菌核和分生孢子抗逆性很强，越冬以后，翌春在条件适宜时，即可萌发产生新的分生孢子。新、老分生孢子通过气流传播到花穗上，在外渗物作为营养的情况下很易萌发，通过伤口、自然孔口及幼嫩组织侵入寄主，进行初次侵染。春天主要侵染花序及幼果。初侵染发病后又长出大量新的分生孢子，又靠气流传播进行多次再侵染。该病有两个明显的发病期，第 1 次发病在 5 月中旬至 6 月上旬（开花前及幼果期）主要为害花及幼果，这时的低温多湿条件易引起大发生，造成大量落花落果。第 2 次发病期在果实着色至成熟期，如果遇到阴雨连绵或久旱后的遇暴雨，病菌最易从伤口侵入浆果，并产生灰色霉层。鲜食葡萄在贮藏期间，如库温高，湿度大，通风不良，灰霉病发生严重。此外，排水不良，土壤黏重，枝叶过密，通风透光不良均能促进发病。

近年来，我国北方在设施栽培葡萄方面发展很快，在温度高，湿度大，通风较差的温室和大棚内，该病发生也较重。

（三）防治方法

（1）加强栽培管理，勿偏施氮肥，防止新梢徒长；及时进行夏季修剪，对过旺生长的品种可喷布生长抑制剂，控制营养生长；做好旱灌排涝工作，减少裂果；发病期间及时剪除病花穗和病粒，减少再次侵染。

（2）彻底清园，并集中烧毁病残体，减少越冬菌源；搞好越冬休眠期的防治，对结果母枝喷铲除剂，结合防治炭疽病、白腐病进行。

(3)药剂防治。在花前和谢花后连喷 2～3 遍 50%多菌灵可湿性粉剂 800～1 000 倍液,或 70%甲基托布津可湿性粉剂 800 倍液,或 25%戴唑霉乳油 1 500 倍液,或 50%苯菌灵 1 000 倍液,或 70%代森锰锌可湿性粉剂 700 倍液,均有较好的防治效果。

(4)对贮藏期葡萄病害的防治。在果实采收前淋洗式喷布 25%戴唑霉乳油 1 500 倍液。晾干后采摘。在包装时用二氧化硫处理或用碘化钾纸包装,能有效地控制灰霉病的发生。

九、葡萄白粉病

葡萄白粉病发生比较普遍,发病时对果实品质和产量往往造成很大损失。同时还影响枝条的生长发育及葡萄第 2 年的生长发育。

(一)症状

白粉病病菌可侵染葡萄所有的绿色组织。叶片被害时,呈现大小不等的褪绿斑块,产生白色粉状物覆盖在病斑上,发病后期粉斑下的叶表面呈褐色花纹,严重时叶片焦枯脱落。有时在病斑上产生黑色小粒点,幼叶感病后常皱缩、扭曲,且发育缓慢。穗轴感病后组织变脆、易断。幼果感病,果面布满白粉,果粒易枯萎脱落,有的果面出现黑褐色网状花纹。病果停止生长,畸形,果肉质地变硬、味酸,果粒易开裂引起腐烂。

(二)发生规律

葡萄白粉病菌以菌丝体在被害组织内或芽鳞间越冬。第 2 年环境条件适宜时产生分生孢子,借风力传播到当年生绿色组织上,萌发并直接侵入寄主,进行初次侵染。病菌可以在 6～32℃温度范围内生长,侵染和蔓延的适宜温度是 20～27℃,分生孢子萌发的最适温度为 25～28℃,孢子萌发的温度范围为 4～35℃。相对湿度较低时,分生孢子也可萌发。当气温在 29～35℃时病害发展最快。当大气相对湿度大于 40%时适合分生孢子的萌发和侵染,因此，高温闷热多云的天气最易于该病害的发生和流行。

弱光和散射光有利于该病害的发生，强光可抑制孢子的萌发。栽植过密、绑蔓摘心不及时、偏施氮肥、通风透光不良均有利于发病。一般美洲系葡萄及其杂交种表现抗病，欧洲系葡萄易感病。

（三）防治措施

(1)加强栽培管理。生长期及时绑蔓、剪梢，改善架面通风透光条件；勿偏施氮肥；结合冬季修剪，剪除病枝蔓，并彻底清扫田园，减少菌源。

(2)药剂防治。春天葡萄芽萌动后展叶前结合防治其他病害，一定要喷铲除剂(3 波美度石硫合剂或 45%晶体石硫合剂 40～50 倍液等)，以铲除越冬病菌。于发病初期喷布 1∶0.5∶(200～240)倍波尔多液，或 70%甲基托布津 1 000 倍液，或 25%粉锈宁 1 500 倍液，或 40%硫磺胶悬剂 400～500 倍液等，对白粉病都有良好的防治效果，并可兼治短须螨及介壳虫。

白粉病对硫制剂敏感，因此石硫合剂、硫磺胶悬剂、托布津、粉锈宁等都是防治该病的理想药剂。只要防治及时，都能控制住该病的发生蔓延。

十、葡萄房枯病

房枯病又叫粒枯病、穗枯病，是葡萄果实的重要病害之一，在国内各葡萄产区均有发生，但仅局部地区危害严重。

（一）症状

主要为害果实、果梗及穗轴，严重时也能为害叶片。发病初期，先在果梗基部产生淡褐色椭圆形病斑，逐渐扩大后，变为褐色，并蔓延到穗轴上和果粒上，使穗轴萎缩干枯；果粒发病，先在果蒂中心形成淡褐色同心轮纹状病斑，有时轮纹不明显，由果蒂部分失水而皱缩，后扩展到整个果面变褐、软腐，病斑表面产生稀疏而较大的黑色小粒点，最后干缩成灰褐色的僵果，挂在树上长期不落。

叶片受害，最初呈红褐色圆形小斑点，逐渐扩大后边缘褐色，中部灰白色，后期病斑中央散生小黑点。房枯病病粒与黑腐病、苦腐病较难区别，从外观上看房枯病果的小黑粒点分布稀疏、颗粒较大，小粒点半埋于果粒表皮下。苦腐病果上的小黑粒点较小，分布很密。黑腐病果的小黑粒点小，分布密而均匀，并且小黑粒点是在果实表皮以下，病果干枯后多呈蓝灰色。

(二)发生规律

病菌以分生孢子器和子囊壳在病果或病叶上越冬。第2年5～6月间放出分生孢子或子囊孢子，借风雨传播到果穗上，进行初次侵染。分生孢子在24～28℃经4 h即能萌发。子囊孢子在25℃经5 h萌发。病菌发育的温度范围为9～40℃，但以24～28℃最适于发病。该病从7月份开始发生，7～9月份发病最多，果实越接近成熟期越易发病。一般欧亚种葡萄较易感病，美洲系的葡萄发病较轻。在果实着色前后，高温多雨的天气，最有利于病害的发生。

(三)防治方法

(1)清除田间菌源。房枯病多在葡萄生长后期的果穗上发生，高温多雨的夏季最易流行，因此及时剪除病果并深埋非常重要。另外，病果、病枝是该病菌的越冬场所。冬季修剪后的清园也很重要。

(2)药剂防治。结合白腐病、炭疽病一同兼治。

十一、葡萄黑腐病

国内各葡萄产区都有发生，除个别地区外，一般为害不严重。

(一)症状

果实近成熟期发病较多。除侵染果实外，在整个生长期内，也能侵染叶片、叶柄和新梢。果穗发病，多在小分穗上发生，整穗发病的较少，当病果干缩成僵果时，果穗的其他部分照常生长发育，而干枯病果可长期不落。果实发病，最初呈现紫褐色小斑点，逐渐扩大后，边缘呈褐色，中部呈灰白色，稍凹陷。病果逐渐软腐，后失水皱缩，病果表皮下密生黑色小粒点(病原菌的分生孢子器)，并逐渐突破表皮，最后干缩成蓝灰色的僵果。

叶片发病时，开始在叶脉间产生红褐色近圆形的小斑点，直径为2～3 mm。病斑扩大后，中央灰白色，外部褐色，边缘黑色，后期病斑上产生许多小黑粒点，沿病斑排列成环状。

新梢及叶柄感病，初为椭圆形、深褐色病斑，稍凹陷，其上散生黑色小粒点，但不如叶上排列整齐。

(二)发生规律

葡萄黑腐病菌以子囊壳或分生孢子器在病僵果及病枝梢上越冬。次年春末夏初环境潮湿时，子囊壳吸水膨胀，不断释放出子囊孢子；分生孢子器吸水后同样放射出分生孢子，均为初次侵染的菌源。子囊孢子和分生孢子借风雨传播。分生孢子生活力强，萌发的温度范围为7～37℃，适温为23℃左右，在适宜的温、湿度范围内，经10～12 h即可萌发。成熟的分生孢子器遇3 mm或更多的降雨时，即放射分生孢子。若降雨持续1 h以上最适于分生孢子的扩散。当气温在26.5℃时，持续湿润6 h即发生叶感染，但在10℃条件下需要24 h，32℃时需要12 h。

子囊孢子萌发侵染的环境条件与分生孢子相似。子囊孢子需要游离的水萌发，在27℃经6 h即可萌发，这也是适宜侵染叶片的环境条件。气温较低(10～21℃)则需较长的侵染时间。32℃侵染停止。葡萄发病后，不断形成新的分生孢子器和分生孢子，并进行再侵染。病菌在果实上的潜育期为8～10 d，叶及新梢上为20 d。温暖潮湿的夏季易大发生。

(三)防治方法

参照白腐病、炭疽病。

十二、葡萄苦腐病

我国局部地区发生，在个别品种上发生为害严重。山东省大泽山的龙眼、白羽品种上有发生，有的年份发生为害严重，造成一定的损失。一般为害不大。其他葡萄产区尚未见报道。

(一)症状

主要为害当年生新梢叶片和果穗。新梢发病时，先在新梢基部第1、2节叶柄基部出现浅褐色、边缘不清晰的病斑，后蔓延至叶柄，当病斑环绕叶柄1周后，整个叶片连同叶柄下垂、萎蔫、干枯，但不脱落。接着第2、3、4……片叶相继干枯下垂，这时往往蔓延到穗柄，使整个果穗受害。同时，新梢的基部逐渐变为灰白色，上面着生黑色小粒点，为病原菌的分生孢子器；其新梢上端仍正常生长。果实发病，病菌通常从果梗侵入，逐渐向果粒蔓延，在近果蒂处产生一小块白色的斑痕，后逐渐扩大软腐，在白色品种上常出现环纹状排列的分生孢子盘，在整个果粒发病时更为明显。深色品种的果粒表面常粗糙，有小泡，内有分生孢子盘，2～3 d内，果粒软腐，并易脱落。病果有苦味，苦腐病由此而得名。不脱落的果粒则继续变干，牢固地附着在穗上，苦味也不明显。皱缩以后的病果与黑腐病、炭疽病、房枯病难于区别。果实近成熟期该病蔓延迅速，易引起软腐。

(二)发生规律

苦腐病的病原菌以分生孢子盘和菌丝体在病果、病枝等病残体上越冬，第2年春天条件适宜时，分生孢子借雨水、风力传播，进行初侵染。初侵染发病后，感病部位又形成新的分生孢子盘和产生新的分生孢子，可进行多次再侵染。该病在山东平度市有2次发病高峰，第1个高峰在6月底、7月初，于新梢基部和叶片上出现症状，第2个发病高峰主要为害果实，大多发生在葡萄着色以后，这时病情发生蔓延很快，往往几天就蔓延到全穗，对产量影响很大。据资料报道：病菌从葡萄落花后，果梗形成木栓化皮孔疣突时开始，病菌侵染这些疣突的死细胞，并潜隐至果粒成熟。然后侵染果梗并转移到果粒，4 d 内便形成分生孢子。分生孢子通过伤口、自然孔口等侵入，不断进行再次侵染。因此，蔓延迅速。病菌生长发育的温度范围为 12～36℃，其中 28～30℃最适宜，36℃以上菌丝生长受到抑制。因此，葡萄生长后期正处于高温多雨的夏季，所以发病迅速而严重。

（三）防治方法

防治的关键是清除病菌越冬菌源、对结果母枝喷铲除剂和葡萄生长前期注意对新梢基部喷药。在防治葡萄炭疽病、白腐病的过程中可兼治苦腐病。生长期所用药剂有 50%多菌灵可湿性粉剂 800～1 000 倍液，50%退菌特可湿性粉剂 500～800 倍液，75%百菌清可湿性粉剂 500～800 倍液，均可有效的控制该病的发展蔓延。

十三、葡萄褐斑病

葡萄褐斑病又分成两种，即大褐斑病和小褐斑病。葡萄大、小褐斑病往往同时发生，在多雨年份和管理粗放的葡萄园，特别是果实采收后忽视喷药防治病害的葡萄园，容易引起这两种病的大量发生。该病主要为害叶片，造成早期落叶，削弱树势，影响葡萄芽的分化和第 2 年的产量。

（一）症状

大褐斑病的症状特点常因葡萄的种和品种不同而异。在美洲种葡萄的叶上呈现圆形或不规则形病斑，边缘红褐色，中部暗褐色，后期病斑背面长出灰色或暗褐色霉状物。在欧亚种群如甲州、龙眼品种上，呈近圆形或多角形病斑，边缘褐色，中部有黑色圆形环纹，边缘最外层呈暗色湿润状。直径一般在 3～10 mm，一个叶片上可长数个至数十个大小不等的病斑。发病严重时，病叶干枯破裂，以致早期落叶。小褐病症状特点：病斑直径 2～3 mm，大小比较一致。病斑的边缘呈深褐色，中间颜色稍浅。后期病斑背面产生一层明显的黑色霉状物。这是该病的分生孢子梗及分生孢子。病情严重时，许多病斑融合在一起，形成大斑，最后使整个叶片干枯、脱落。

（二）发生规律

大、小褐斑病的发生规律基本一致。病原菌主要以菌丝或分生孢子在落叶上越冬。第 2 年夏季产生新的分生孢子，新、老分生孢子借风雨传播到植株的叶片上，在高温、高湿的情况下，孢子萌发后，多从植株下部叶片背面的气孔侵入，潜育期 20 d 左右。此病自 6 月份开始发生，条件适宜时，可发生多次再侵染，8、9 月份为发病盛期。一般是近地面的叶片先发病，逐渐向上蔓延为害。高温多雨是该病发生和流行的主要因素。因此，夏、秋多雨地区或年份发病重；管理粗放，田间小气候潮湿，树势衰弱的果园发病就重。

（三）防治措施

（1）消灭越冬菌源。秋季落叶后，彻底清除落叶，集中烧毁或深埋。

（2）加强果园管理及时绑蔓、打副梢，改善通风透光条件；增施磷、钾肥，提高树体抗病力。

（3）喷药保护。一般结合防治黑痘病、白腐病进行防治。注意喷布下部叶片和叶背面。无须专门喷药。

十四、葡萄蔓割病

蔓割病又叫蔓枯病，是局部地区和个别品种上的一种重要病害，但一般不严重。主要为害枝蔓，削弱树势，引起减产和降低葡萄品质。严重时，病枝经 2～3 年枯死。

（一）症状

该病主要为害当年生新梢，特别是从基部发出的萌蘖枝，感病尤重。病菌有潜伏侵染的特性，病菌侵入幼嫩的组织后，菌丝体潜伏在新梢的皮层内，不影响新梢的生长，当年不表现症状，从外表看不出异常。越冬后于第 2 年春天，1 年生病枝的皮层变为黑褐色，随枝的生长加粗，病部组织坏死而呈凹陷状，病斑沿维管束蔓延，然后表皮翘起，皮下产生黑色小粒点即为病原菌的分生孢子器。严重时，第 2 年春天不能发芽或发芽后生长衰弱直至枯死。病菌侵染多年生枝蔓时，初呈红褐色椭圆形病斑，稍凹陷，逐渐扩大呈梭形，表面密生小黑粒点，即病菌的分生孢子器。秋后，病部纵裂呈丝状，并腐朽直到木质部，有时需要几年的时间。病部上端的新梢生长衰弱，节间缩短，叶片、果穗、果粒变小，有时叶片变黄以至萎缩。若冬季干旱或埋土不严，翌年春天病蔓发生纵向干裂而枯死。有时也能抽出新梢，但在 1～2 周内也会突然萎蔫。分生孢子器无论是在 1 年生枝上还是在多年生枝上，在潮湿的情况下，都溢出白色或黄色蜷曲状或黏胶状的分生孢子角。果粒感病后，病部稍变灰色，后期密生黑色小粒点，为病原菌的分生孢子器，后逐渐干缩成僵果，近似房枯病；果梗受侵害则枯死；新梢、叶柄或卷须受病后，呈现出很小的褐色病斑，逐渐发展连成一片。

(二)发生规律

蔓割病菌主要以分生孢子器或菌丝在病蔓上越冬。第 2 年 5～6 月份，分生孢子器吸湿后，从孔口中涌出白色至黄色丝状或黏胶状孢子角，遇雨后孢子角消解，分生孢子借风雨传播到寄主上，经伤口、皮孔、气孔侵入，病菌潜育期较长，1 个月左右。病菌沿维管束蔓延。菌丝在寄主体内为害韧皮部的薄壁细胞和筛管以及木质部的髓线细胞，病菌夺取寄主的养分后，病部外表呈现下陷和纵裂，需经 1～2 年后，植株才出现矮化和黄化现象，严重时全蔓枯死。冬季埋土时枝蔓扭伤处和修剪时的剪口处最易感病。欧亚种葡萄发病较多，如佳里酿、龙眼、法国兰、红玫瑰等。另外，地势低洼、排水不良，土壤瘠薄、肥力不足、树势很弱，遭受冻害或埋土时有扭伤的葡萄园发病重。

(三)防治措施

(1)加强田园管理。注意排水,改良土壤,多施有机肥,增强树势,提高树体抗病力。冬季埋土时,加强防寒措施,防止扭伤和根部病害,减少伤口和病菌侵入的机会。

(2)刮除病蔓。生长期勤检查,发现病蔓可进行刮治,先用利刀将病部刮除干净,直到出现健组织为止。并将病残体收集起来深埋或烧毁,然后在伤口处涂上石硫合剂渣子,将伤口封好,以杀死病菌。对发病严重的病蔓可从地面锯掉,促使重发新枝。

(3)药剂防治。春天葡萄上架后,结合防治其他病害可喷铲除剂,如 3 波美度的石硫合剂并要喷匀。5、6 月份分生孢子散发前可喷 1∶0.7∶200 倍波尔多液 1～2 遍,预防病菌侵染。也可喷 50％退菌特可湿性粉剂 600～800 倍液等,重点喷结果母枝及多年生枝蔓。

第二节　葡萄主要虫害及其防治

据资料介绍危害葡萄的虫害有 300 多种,国内危害较重的有 10 余种,它们不同程度地危害葡萄枝干、叶和果实,如不及时防治,易造成重大损失。

一、葡萄斑叶蝉

葡萄斑叶蝉又名葡萄二星叶蝉、二星浮尘子。

(一)为害状

寄主植物有葡萄、苹果、梨、桃、樱桃、山楂、桑等。成虫和若虫刺吸叶片汁液,被害叶呈现失绿小点,严重时叶色苍白,提早脱落。

(二)发生规律

在山东 1 年发生 3 代。以成虫在枯叶、灌木丛等隐蔽场所越冬。成虫最早于4月上旬开始活动,先为害发芽早的果树,待葡萄展叶后即开始为害葡萄叶片。第2、3代成虫分别发生于6月下旬至7月份和8月下旬,10月下旬以后成虫陆续开始越冬。

(三)防治方法

(1)合理修剪,注意通风透光,清除杂草和杂生灌木,减少成虫越冬场所。

(2)药剂防治。在春季成虫出蛰尚未产卵和5月中下旬第一代若虫发生期进行喷药防治。常用药剂有50%敌敌畏乳剂2 000倍液,或50%杀螟硫磷1 000倍液,或50%辛硫磷乳剂1 000倍液,可有效地杀灭成虫、若虫和卵,且对人畜较为安全。

(3)为充分发挥天敌寄生蜂的天然控制作用,葡萄园药剂防治应集中在前期进行,生长后期尽量少用农药,以保护天敌。

二、葡萄毛毡病

葡萄毛毡病又名葡萄锈壁虱、葡萄瘿螨。

(一)为害状

主要为害葡萄。成、若虫在叶背刺吸汁液,初期被害处呈现不规则的失绿斑块。叶表面形成斑块状隆起,叶背面产生灰白色绒毛。后期斑块逐渐变成褐色,被害叶皱缩变硬、枯焦。毛毡病在高温干旱的气候条件下发生更为严重。

(二)发生规律

以成虫潜藏在枝条芽鳞越冬,春季随芽的开放,成虫爬出并侵入新芽为害,不断繁殖扩散。近距离传播主要靠爬行和风、雨、昆虫携带,远距离主要随着苗木和接穗的调运而传播。

(三)防治措施

(1)早春葡萄发芽前、芽膨大时,喷3～5波美度石硫合剂,杀灭潜伏在芽鳞内的越冬成虫,即可基本控制为害;严重时发芽后还可再喷1次1 000倍液50%辛硫磷或50%杀螟硫磷1 000倍液。

(2)葡萄生长初期,发现被害叶片立即摘除烧毁,以免继续蔓延。

(3)对可能带虫的苗木、插条等在向外地调运时,可采用温汤消毒,即把插条或苗木的地上部分先用 30～40℃热水浸泡 3～5 min,再移入 50℃水中浸泡 5～7 min ,即可杀死潜伏的成虫。

三、葡萄透翅蛾

(一)为害状

幼虫蛀食葡萄枝蔓髓部,被害部明显膨大,并致使上部叶片发黄、果实脱落,被蛀食的茎蔓容易折断枯死。

(二)发生规律

每年发生 1 代,以老熟幼虫在葡萄蔓内越冬。次年 4～5 月份化蛹,蛹期约 1 个月,6～7 月份羽化为成虫,产卵与当年生枝条的叶腋,嫩茎、叶柄及叶脉等处,卵期约 10 d。初期幼虫自新梢叶柄基部的茎节入嫩茎内,幼虫在髓部向下蛀食,将虫粪排出堆于蛀孔附近。嫩枝被害处显著膨大,上部叶片枯黄。当嫩茎被食空后,幼虫又转至粗枝中为害,一年内可转移 1～2 次。幼虫危害至 9～10 月份,然后老熟,并用木屑将蛀道底部 4～9 cm 以上处堵塞,在其中越冬。越冬后幼虫在距蛀道底部约 2.5 cm 处蛀一羽化孔,并吐丝封闭孔口,在其中筑蛹室化蛹。成虫羽化时常将蛹壳带出一半露在孔外。成虫夜间活动,白天潜伏在叶背面和草丛中,飞翔力强,有趋光性。

(三)防治措施

(1)结合冬季修剪剪除被害枝蔓,及时烧毁。

(2)发生严重地区,可进行药剂防治,于成虫期和幼虫卵化期喷布 50%杀螟硫磷乳油 1 000 倍液,并可用黑光灯诱杀成虫。

(3)在 6～8 月份幼虫为害期,经常检查枝蔓,发现有肿胀和有虫粪的被害枝条,及时剪除烧毁。对被害主蔓和大枝可采用铁丝刺杀，或用50％敌敌畏乳剂500倍液，或杀螟硫磷1 000倍液由蛀孔灌入，并用黄泥将蛀孔封闭，熏杀蛀孔幼虫。

四、斑衣蜡蝉

（一）为害状

最喜食葡萄、臭椿和苦楝。成、若虫刺吸嫩叶和枝干汁液，排泄液黏附于汁液和果实上，引起污煤病而使表面变黑，影响光合作用，降低果品质量。

（二）发生规律

每年发生1代，以卵块在葡萄枝蔓及支架上越冬。越冬卵一般于4月中旬开始孵化，若虫期约60 d，6月中下旬出现成虫，8月中下旬交尾产卵。成虫寿命长达4个月，10月下旬逐渐死亡。成、若虫都有群集性，常在嫩叶背面为害，弹跳性强，受惊即跳跃逃避。卵多产于枝蔓和架杆的阴面。

（三）防治措施

（1）结合冬剪，在枝蔓及架桩上搜寻卵块压碎杀灭。

（2）若虫和成虫期可喷布50％敌敌畏乳剂1 000倍液或50％杀螟硫磷乳油2 000倍液。

（3）建园时应远离臭椿和苦楝等杂木。

五、绿盲蝽

（一）为害状

绿盲蝽以成虫或若虫危害葡萄的幼芽、嫩叶和花序。它利用刺吸式口器吸食汁液，被害处初期出现白色小点，后渐变成黑褐色小点，局部组织死亡皱缩，叶片逐渐长大，被害处出现破洞，边缘曲折，造成叶片破烂，果粒被害初期布满小黑点，后期呈疮痂状，重者果粒开裂。

(二)发生规律

山东每年发生 4～5 代,以卵在园边蓖麻残茬内或附近苹果、海棠、桃树等果树的断枝及疤痕处越冬,以若虫或成虫为害发芽的葡萄,一直为害 30 多天,之后成虫迁飞到葡萄园外杂草或其他植物上为害繁殖。8 月下旬出现第 4 代或第 5 代成虫,10 月上旬产卵越冬。

(三)防治方法

及时清除葡萄园周围杂草,消灭虫源,在葡萄展叶时,如发现若虫危害及时喷 10%歼灭乳油 2 000～3 000 倍液或 50%辛硫磷乳油 1 500 倍液。

六、葡萄短须螨

葡萄短须螨又名葡萄红蜘蛛。

(一)为害状

虫体多集中在葡萄叶背基部和主、侧脉两侧及新梢、果穗处。受害的嫩梢、叶柄、穗轴表皮变褐色,粗糙变脆易折断;叶片受害为淡黄色,并由褐色变红色,最后焦枯脱落;果粒受害果皮龟裂呈铁锈色,含糖量降低而含酸量增高,影响着色和品质。

(二)发生规律

山东省每年发生 6 代以上,以成虫在老皮裂缝内、叶腋和芽鳞内越冬。4 月中下旬出蛰为害,5 月初产卵,7～8 月份为害最重。

(三)防治方法

苗木定植前用 3～5 波美度石硫合剂浸泡 3～5 min,晾干后定植;葡萄萌芽前喷 3 波美度石硫合剂混加 0.3%洗衣粉,淋洗或喷雾;生长季节喷 300～400 倍硫磺胶悬液或 0.2～0.3 波美度石硫合剂或 20%灭扫利 3 000～4 000 倍液,或 2.5%功夫乳油 3 000 倍液。

七、蚧壳虫类

(一)形态特征

蚧壳虫的种类繁多，构造和习性的变异很大，蚧壳虫类为小型昆虫，体长 0.5～0.7 mm，雌虫身体没有明显的头、胸、腹 3 部分之别，无翅、属渐变态，雄虫属过渡变态，寿命短，交配后即死去。蚧壳虫的体表常覆盖有蚧壳，或披上各种粉状和绵状等蜡质分泌物。

(二)为害状

成虫和若虫在叶背、果实及果穗内小穗轴、穗梗等处刺吸汁液，果粒或穗梗受害，表面呈棕黑色油渍状，不易被雨水冲洗掉，发生严重时，整个果穗被白色棉絮物所填塞，被害果粒外观差，含糖量低，甚至失去商品价值。

(三)防治方法

合理修剪，防止枝叶过密，以免给蚧壳虫造成适宜的环境；清除枯枝、落叶和剥除老皮，刷除越冬卵块，集中烧毁；生长季节喷 3%蜡蚧灵可湿性粉剂 1 000 倍液，25%功夫乳油 5 000 倍液，20%灭扫利 3 000～4 000 倍液进行防治。

八、金龟子类

金龟子种类繁多，食性杂，危害习性和部位也各不相同，有苹毛金龟子、东方金龟子、铜绿金龟子等。

(一)为害状

成虫一般昼伏夜出，傍晚最多，一般午后 7～11 h 出土危害葡萄嫩叶、幼苗和果实，初龄幼虫主要取食葡萄须根，稍大后取食根系，被害葡萄树势衰弱，产量降低甚至全株死亡。

(二)防治方法

组织人工捕杀或灯光、诱杀成虫，喷 50%辛硫磷 1 000 倍液或

10%歼灭 3 000～4 000 倍液,50%杀螟松 1 000～1 500 倍液防治成虫;在树冠周围撒 100 倍敌敌畏毒土、每株 120～200 g 防治幼虫和蛹。

第三节 葡萄主要生理病害

葡萄生理病害是指因栽培和生理性原因形成的一些症状。近年来,由于新品种的不断增加和栽培技术的参差不齐,各种不同的生理病害有逐年加重的趋势,防治葡萄生理病害已成为当前葡萄生产上的一项重要任务。

一、葡萄水罐子病

葡萄水罐子病也称转色病,是葡萄上常见的生理病害,尤其在玫瑰香等品种上尤为严重。

(一)症状

水罐子病主要表现在果粒上,一般在果粒着色后才表现出症状。发病后有色品种明显表现出着色不正常,色泽淡;而白色品种表现为果粒呈水泡状,病果糖度降低,味酸,果肉变软,皮肉与果皮极易分离,成为一包酸水。用手轻捏,水滴成串溢出。发病后果柄与果粒处易产生离层,极易脱落。病因主要是营养不足和生理失调。

(二)发病规律

一般在树势弱、负载量过多、肥料不足和有效叶面积小时,该病易发生;地下水位高或成熟期遇雨,尤其是高温后遇雨,田间湿度大时,此病尤为严重。

(三)防治措施

(1)加强土肥水管理,增施有机肥料和根外喷施磷、钾肥,及时除草,勤松土。

(2)控制负载量。合理控制单株果实负载量,增加叶果比。

二、日烧病(日灼病)

(一)症状

主要发生在果穗的肩部和果穗向阳面上,果实受害后,向阳面形成水浸状烫伤淡褐色斑,然后形成褐色干疤,微凹陷。受害处易遭受其他病菌(如炭疽病菌等)的侵染。是一种典型的外因引起的生理病害。

(二)发生规律

葡萄果实日烧病的发生是由于果穗缺少荫蔽,在烈日曝晒下,果粒表面局部受高温失水,发生日灼伤害所致。品种间发生日灼的轻重有所不同,红地球、巨峰、藤稔等粒大、皮薄的品种日灼病较重。立架栽培时日灼病明显重于棚架。

(三)防治措施

(1)对易发生日灼病的品种,夏季修剪时,在果穗附近多留叶片以遮盖果穗,并尽早进行果穗套袋以避免日灼,要注意果袋的透气性和尽量保留遮蔽果穗的叶片。

(2)在气候干旱、日照强烈的地方,应改立架栽培为棚架栽培,预防日灼的发生。

第七章　葡萄保护地栽培技术

利用保护地栽培(设施栽培),实现促成栽培和延迟栽培。即棚栽葡萄采取盖草帘降温打破休眠期,使其提早发芽、开花、结果早熟上市;或利用覆盖薄膜延迟收获期,来填补市场鲜食葡萄空缺,提高经济效益。

第一节　品种选择与栽植密度

一、品种选择

选择设施栽培的品种除要求优质、丰产外,还要具备能提早或延迟成熟的特性。同时,还要考虑选择果穗、果粒大小、色泽等要素。大泽山地区栽培的品种主要有乍娜、巨峰、京亚、维多利亚等。

二、栽植密度

设施栽培有两种形式,即 1 年 1 栽制,第 2 年浆果采收后,将葡萄除掉重新栽植;多年 1 栽制,栽植一次连续多年结果。大泽山地区多采用栽植一次连续多年结果的形式。

栽植密度,多采用宽窄(双行)篱架栽培,即宽行 1.5 m,窄行 0.5 m,株距 0.8 m;小棚架栽培宽行 3～4 m,株距 40 cm。

第二节　解除休眠

一、低温需求量

当自然最低气温低于7.2℃时，及时扣棚盖草帘降温。即白天盖帘关闭风口，夜间拉帘打开放风口降温，迫使葡萄提前进入休眠状态。一般保持低温1 200 h以上，有条件的扣棚盖帘后放冰降温。

二、石灰氮解眠

石灰氮打破休眠的使用时期，一般在升温前1个月或升温后20 d内使用。即每千克石灰氮用温水5 kg(40～50℃)放入塑料容器中，不停地搅拌成均匀糊状，添加少量黏着剂涂抹冬芽，并保持湿润。

第三节　调节剂与成熟期

一、生长调节剂

在温室葡萄管理上使用生长调节剂，调节生长与结果的关系，能显著提高产量与品质。据调查，在幼嫩部分喷施15%多效唑，可控制副梢生长；在果穗上喷葡萄膨大剂并配合其他管理措施，可促进早熟品种“乍娜”、“矢富萝沙”增大果粒30%左右，无核葡萄喷施可增大果粒1倍以上；在果粒1/3着色时喷增糖着色剂，可促其提早成熟1周左右，增糖1～3度，商品性显著提高。

二、调节成熟期

10～11 月份上市。利用露天栽培的晚熟品种或早、晚熟品种的 2 次果，在自然生长的条件下，于 9 月下旬用塑料薄膜保温防寒，可于 10～11 月份上市。

元旦前后上市。利用夏芽副梢于 8 月份短截或重摘心，使其产生 2 次或 3 次果，于 9 月份开花，9 月中下旬扣棚保温；也可利用冬芽新梢结果，于 8 月初短截摘叶，选定的结果饱满冬芽及在叶柄痕上涂抹石灰氮（氰氨基化钙），至 8 月中旬萌芽，9 月份开花，9 月中下旬大棚保温。

春节前后上市。利用冬芽新梢结果，于 9 月份短截、摘叶、涂石灰氮，9 月中旬扣膜保温。此期栽培应在日光温室中进行，且应有加温设施。

4～5 月份上市。利用冬眠后的冬芽新梢结果，10～11 月份进行人工低温处理，于 12 月上中旬扣棚，12 月中下旬选饱满结果芽涂石灰氮，涂好后将枝蔓贴地顺放，盖塑料膜保温（可比不涂的提前 20 d 发芽），1 月上旬发芽，2 月上旬开花，花期再用赤霉素沾花，熟前用葡萄早熟增糖显色灵处理，可比不处理提前 15 d 成熟。

5 月末至 6 月份上市。不采取人工措施，利用自然低温休眠后的冬芽新梢结果，于 12 月底至翌年 1 月初扣棚升温，2 月下旬开花，5～6 月份收获。

第四节　温、湿度管理

一、萌芽至花期

萌芽前：扣棚前灌水覆盖地膜，以减少水分蒸发，提高地温，促使葡萄及早生根与发芽。

萌芽至开花期：白天温度最高 28℃，夜间 8℃以上，最适温度 21～26℃，湿度 80%。

花期：对温、湿度要求敏感，应严格掌握。白天最高温度 30℃，夜间最低温度 12～15℃，最适温度 22～26℃，湿度 60%。

二、果实膨大至着色成熟期

果实膨大期：前期白天最高温度 28℃，后期可升至 30℃，夜间应保持 15℃以上，昼夜温差保持在 12～15℃，湿度 60%～70%。

着色成熟期：白天温度在 28～30℃，夜间 15℃左右，昼夜温差控制在 15℃以下，湿度 60%～65%。

第五节　土、肥、水管理

一、松土、施基肥

温室栽培葡萄管理的重点是深翻土壤，挖穴开沟施肥。即一次性施足基肥，每亩施腐熟的优质有机肥 4 000 kg 以上，混施果树专用肥 80～100 kg。若肥源不足，可用粉碎的作物秸秆混施少量速效氮肥代替。

二、合理追肥

葡萄生长期间，要保持叶片厚绿，枝条粗壮，促使光合产物积累多，树体贮备营养足。运用先氮后磷钾施肥技术，生长前期适量施用氮素，供枝蔓叶片生长。后期多施磷钾元素，提高枝条硬度及果粒糖度。据调查，生长前期适量地增施氮肥，可促进叶片增大，提高叶功能，增强树势，特别在土壤瘠薄的条件下，可取得以氮增碳的效果；葡萄封穗后，每亩追施磷酸二氢钾 30～40 kg，促使枝条果粒充分完熟；并根据后期生长适量补充钙、铁、锌等微量元素。

三、应用新型肥料——缓控释肥

缓控释肥的养分释放速率与葡萄的需肥规律一致。葡萄使用缓控释肥后，葡萄植株长势好，显著降低了葡萄的新梢长度和节间长度，新梢夏芽萌发的副梢数量明显减少，枝蔓粗壮；叶片颜色浓绿、叶片较厚；果实较大、穗整齐、果实成熟较早，着色比较均匀，成熟期提前 2～3 d，糖度显著提高。

缓控释肥在葡萄上施用可分 4 个阶段：第一阶段是在葡萄萌芽以后长到 15～20 cm，每亩追施 40 kg 控释肥加 5 kg 氮肥；第二阶段是葡萄谢花以后，葡萄长到黄豆粒大小时再追施 60 kg 左右缓控释肥；第三阶段是葡萄开始膨大时，也就是着色这个阶段，可以再追施 60 kg 缓控释肥；第四个阶段是葡萄下架以后，挑出沟来，施有机肥，每亩施 2 000～2 500 kg，也可以适当地施 15～25 kg 缓控释肥，采用条沟施比较合适，距离葡萄 40 cm 左右，呈三角式犁沟，埋好土以后再跟一遍水，尽量不要透气和干燥。

四、根外追肥补充微量元素

叶面补肥可弥补葡萄根系吸收不足。发芽前喷枝蔓，即喷 100 kg 水＋1.5 kg 尿素＋0.5 kg 硫酸铜液，葡萄发芽后叶片明显增大增厚；着色后喷 2～3 次 0.3%～0.5%磷酸二氢钾＋0.3%尿素，可延缓叶片衰老，提高光合效率，促使枝芽充实饱满，果粒可溶性固形物含量增高，保证产量和质量。

五、浇水

根据葡萄的不同需水期，重点浇好封冻水、花前水和果粒膨大期 3 遍关键水，并依据土壤墒情采用少水勤浇，沟灌或穴灌等方法补水。

第六节　整形修剪

一、重短截法

葡萄果穗收获后，除去棚体薄膜，对结果母蔓留 1～3 个芽重短截，促发新梢作为来年的结果枝，扣棚前冬剪时留 5～7 个芽短截。

二、留副梢法

葡萄收获除膜后，用原结果枝留副梢作为来年的结果母枝，扣棚前冬剪时在副梢上留 3～5 个芽修剪。

三、留长梢法

受棚内光照和树体营养的影响，生长期易出现下部枝芽分化不良，扣棚冬剪时留中上部饱满芽作为来年的结果母蔓，扣棚前冬剪时留 7～10 个芽短截。

以上 3 种方法可配合或轮流进行。

第八章　葡萄采收、分级、包装、运输与贮藏

第一节　采　　收

采收是葡萄生产中的一项重要工作，不仅直接影响着当年的产量、品质和收成，而且还影响着葡萄后期的树体营养积累和第2年的产量。因此，应据栽培品种的成熟期、用途适时采收，达到既不影响葡萄的产量和质量，又利于植株的生长发育。

一、采收期

适宜的采收期，取决于栽培品种浆果的成熟度，应根据品种生物学特性及浆果采收后的用途，确定采收期。

谢花后，葡萄果粒由小变大、由硬变软，有色品种开始着色，并表现出该品种固有的大小、色泽；无色品种表现出金黄或淡绿色，果粒半透明，果粉均匀，为葡萄成熟的前兆。果肉具有本品种的所含糖量、风味，种子变为褐色，表明达到了充分成熟，可以进行采收。

根据采收后的用途、成熟度不同确定采收期。如果运往市场供鲜食用的葡萄，只要糖酸比合适、风味好、外形美观，达八成熟即可采收；贮藏保鲜的葡萄则要求完全成熟；制干用的，以过熟为好，含糖量高，出干率高且质量好；用于酿酒的，可按酒厂制酒的要求确定采收成熟度和采收期进行。

二、采收方法

采前要准备好采收包装的工具及运输车辆，安排好劳力等。采用的采收工具主要包括剪子、果筐等。果筐可用农村常用的柳条筐或塑料筐。为了防止挤压果穗，果筐不宜太深，每筐容量也不宜太大，一般以 10～12.5 kg 为宜。若用竹筐采收，内壁要用软布垫好，以防止刺伤果皮。

三、采收技术

目前，国内的葡萄采收工作，主要靠手工来完成。采收时要小心细致，轻拿轻放，果穗梗一般剪留 3～4 cm，以便于提取和放置。对于穗梗较长的品种，剪下果穗后再将多余穗梗剪去。采收鲜食用的葡萄，尽量不要碰伤果皮、擦掉果粉，以保持葡萄果穗外形美观。剪下的葡萄放入果筐时，以横向放置穗梗剪口并靠近筐壁为好，这样可避免穗梗刺伤果粒。

酿造普通葡萄酒所用的葡萄可一次采完；而用鲜食和酿造高级葡萄酒的，应据果实成熟度分批采收。采收时要注意：

葡萄采收应在晴天进行，阴雨天、有露水或烈日曝晒的中午不宜采收。采收时，对于破碎或受病虫危害的果粒应随手去除。

采收后要立即运往果棚或临时果库，随即进行分级包装或销售处理，切勿在强日光下曝晒。

一般情况下，已经成熟的葡萄应及时采收，不要将果穗长期挂在葡萄树上，否则会严重影响树体营养积累和新梢成熟，导致来年的树势衰弱、产量下降。

第二节　分级、包装

一、分级

葡萄果实分级是葡萄商品化生产中一个重要环节，世界各国都制定有相应的分级标准。目前我国葡萄分级尚无统一规定的标准,大都根据果穗大小与松紧度和果粒大小与整齐度以及成熟度、着色好坏、含糖、酸高低而定。目前生产中一般按以下标准分级:

一级:果穗形状、大小,果粒的大小、色泽,具备了本品种的固有特点,果粒整齐度高,充分成熟,全穗无破损或脱落的果粒。

二级:对果穗的穗重、果粒的大小无严格要求,但要求充分成熟,且无破损粒。

三级:将一、二级果分出后挑选下来的果穗,可作为加工原料或就地销售。

二、包装

葡萄浆果极不耐挤压,因此包装容器不宜过深、过大,一般多采用小型木箱或纸箱包装,鲜食品种多用 1～2 kg 的小包装,箱内要垫好衬纸,纸箱或木箱都要留有缝隙或通气孔。

为了便于销售,可根据当地具体情况,用纸板、木板、塑料、竹皮等制成各种具有地方特色的实用美观小包装,每箱 1～2 kg;也可用小托盘盛装葡萄,外套以薄膜,经加热后,薄膜收缩紧贴在托盘和葡萄上,既美观又可延长销售时间。

第三节 运 输

一、装运方法

以纸箱装运为例:纸质坚硬的纸箱,装箱高度也不可超过 8 层,如超过 8 层需设置支架后再往上垒放,纸箱间应有一定缝隙以便通气,防止通风透气不良而引发葡萄霉烂。

用汽车运输,为避免纸箱颠簸挤压,可每一层纸箱加一层用胶合板制作的隔板作支撑，这样上下左右各纸箱相互不挤压而使葡萄完好无损。

二、温度调节

葡萄采收和运输期间，正值夏秋气温较高季节，运输途中葡萄箱又集中堆放，由于气温高，加上葡萄自身呼吸散热，很易招致腐烂。因此在气温较高的季节进行长途运输，必须进行调温。

冷藏运输：这是指使用制冷设备的运输工具，按照需要的温度进行调温。

人工降温：运输前，采用先降温，中途视情况加冰块的方法，使葡萄在运输途中保持 10℃以下的低温。装运前先将待运的葡萄放入冷库降温，要求在 0～10℃的温度下降温 20 h，待葡萄箱内的温度降至 1～2℃时，再迅速装入车、船，并在车、船的适宜部位放置冰块，随即密闭门窗，使温度保持在 10℃以下。如运输时间超过 3 d 以上，应每隔 48 h 加一次冰块。

寒冷冬季运输葡萄，则需采取保暖措施以防冻害。可根据低温程度先用 1 层或 2 层棉被覆盖，棉被外包塑料薄膜，再用篷布包严缝紧，保持葡萄箱内的温度不低于 0℃。

第四节　贮藏保鲜

随着人们生活水平的不断提高和食品结构的变化，人们对葡萄鲜果的需求量越来越大。通过贮藏保鲜措施，延长葡萄鲜果供应期，具有重要的现实意义和经济意义。

一、贮藏保鲜的条件

采收后的葡萄，仍然是一个有生命的有机体，由于呼吸作用的存在，采后的浆果受外界环境条件的影响，其外观和内在品质随时在变化。为了达到不腐烂、不变质,外观新鲜的要求,必须有良好的贮藏条件。

1. 温度

温度高,呼吸作用强,水分蒸发量大;温度低,呼吸作用弱,水分蒸发量小。低温又能抑制呼吸强度而延长贮藏期,葡萄贮藏期的最佳温度为0℃左右。

2. 湿度

如果空气干燥,湿度低,浆果会因蒸腾失水而逐渐皱缩,中轴、分枝和果梗也因失水而干缩。因此,保持贮藏环境较高的空气湿度,对葡萄的保鲜效果至关重要。但过于潮湿,又易引起真菌病害的发生。根据山东省平度市店子镇南盛家村,长期贮藏"泽香"葡萄的经验,贮藏库的空气相对湿度保持在90%～95%较好,不可低于90%,也不要高于96%,相对湿度达到97%以上时,果粒上便出现大小水珠而影响果实的保鲜品质。

3. 气体成分

果实呼吸时要吸收空气中的氧气,放出二氧化碳。氧气充足会促进果实的呼吸强度而缩短贮藏期。因此,应减少贮藏环境的氧气含量,增加二氧化碳的含量,一般保持2%～3%的氧气和2%～5%的二氧化碳较为适宜。目前采用的果实气调贮藏方法,就是运用这个原理和机制进行的。

另外,葡萄属非呼吸跃变型果实,采后没有明显的后熟过程。因此,用于贮藏的葡萄必须是充分成熟的葡萄。要求果肉硬度较大,无病虫害,果面洁净无污染。要达到以上要求,必须在生产过程中进行综合管理,并要求合理负载,果穗实行套袋为最好。

此外,必须选择适宜的品种。用于贮藏保鲜的葡萄,应以呼吸强度比较低、色泽鲜艳、品质优的晚熟品种为主,如红地球、泽香、意大利、黑提等。

二、贮藏前的准备

贮藏前应做好库房的清扫、消毒、灭鼠等工作。

库房消毒剂的种类很多,目前生产上主要有两种方法:①用硫磺熏蒸消毒。可用硫磺拌木屑或在容器内放入硫磺,加入酒精或高度白酒助燃,点燃后密闭熏蒸。硫磺用量为每立方米空间用20 g,密闭熏蒸1～2 d后,打开通风。燃烧硫磺虽使用方便,价格便宜,但是存在两个问题,一是杀菌谱较窄,二是燃烧后的二氧化硫对库房中蒸发器、送风道等金属器械有强的腐蚀性,因此建议不要采用。②用福尔马林(乙醛)溶液喷洒消毒。使用浓度为1%。乙醛杀菌谱广而且杀菌能力强,但使用时安全性差。

国家农产品保鲜工程技术研究中心(天津)研制的CT高效库房消毒剂,对灰霉、青霉、根霉、黑曲霉等杀死率达90%以上,而且具有使用方便、安全、对金属腐蚀性小等特点。

三、贮藏前预冷

由于田间气温的影响,采收后的葡萄温度较高,应通过预冷来消除葡萄从田间带来的热量,这是保证贮藏质量的重要措施。

室内预冷:配有预冷室的贮藏冷库,利用预冷室较强的制冷能力和较好的鼓风设备,使装入的葡萄在短时间内降为4～5℃。没有预冷室的冷库,应在果实入贮前2 d降至－2℃,使库体具有大的蓄冷量(农民叫“冷透”),葡萄入库时能够以最快的速度降温。

利用自然通风降温库房或地窖贮藏时,贮前可在通风良好的室内利用夜间的低温进行预冷,即夜间打开门窗,降低室温,白天遮光避免室温上升。

车厢预冷:需立即装车远运的鲜食葡萄,可装入冷藏车辆,在运输途中进行预冷。

四、挑穗、整穗、装箱

从采收的葡萄中,挑选果粒饱满整齐、稀密适中、成熟度高、着色良好、穗轴新鲜的完整果穗,剔除青粒、小粒、病虫危害粒及伤损粒后,仔细地装入箱中。每箱以 4～8 kg 为宜。在装箱的同时使用保鲜袋及保鲜剂。

五、贮藏技术

现代化的葡萄贮藏手段多用气调和冷藏,设备较为复杂,当前农村主要采用简易贮藏方法,如窖藏、缸藏及微型冷库等方法贮藏。

(一)缸藏法

以农户家庭进行少量贮藏地方法。以瓷缸为好,贮前先将缸洗净擦干,置于阴凉地室内避光处,并按缸内不同深度处的直径变化做几个大小不同的井字形木格,一般有 3～4 个即可。最低一层木格可离缸底 5～10 cm 放置,然后每隔 20 cm 左右放一层。木格上铺包装纸 2～3 层,纸上打孔,以便上下通气。每层木格上摆放葡萄 1～2 层,装至缸的 3/4 为宜。上面用新鲜白菜叶覆盖,以利保湿。装好后,初期缸口不加盖,以利散热降温。温度低时,盖上覆物保温。严冬时使缸内温度保持不低于－1℃,并力求稳定。当气温升高时,应通过门窗的昼闭夜开,充分利用夜间的低温来降低温度。

(二)窖藏法

葡萄产区较大批量采用的土法贮藏方法。因各地条件不同,窖可分为地下窖和半地下窖。

地下窖的温度受大气温度变化的影响较小,窖温比较稳定,且窖内湿度也较高,容易满足贮藏期间葡萄对温、湿度的要求,是简易而又比较理想的贮藏环境。但是地下水位高的地区，不宜采用地下窖，而以采用半地下窖为好。

地下窖窖深、宽均 2 m 左右，长度视贮量大小而定，一般 4～5 m 为宜。窖顶覆土 20 cm 以上。窖的四角各设一个通风口，在窖顶中央或一端设有 60 cm 见方的出入口，窖内埋设立柱，立柱上固定不同高度的水平横杆，分 3～4 层。将选好的葡萄果穗装入塑料薄膜袋内，每袋 10 kg 左右。装袋时，按说明书的要求，将所用的防腐保鲜剂同时装入，然后将袋口扎紧。扎口时用细塑料管抽净袋内空气，以降低葡萄袋内的呼吸强度。把成袋的葡萄下窖，吊挂在横杆上，袋与袋之间保持一定距离，既避免互相碰撞，又有利于散热降温。也可在窖内设立分层的架子，架子的隔层上平放成穗的葡萄或装好的成箱葡萄。

地下窖贮藏的关键，一是用以贮藏的葡萄要晚采，使葡萄在架上预冷或采下放在阴凉处预冷 2 d，预冷处温度应在 10℃以下，窖内的温度降至 8℃左右入窖。二是控制窖内温、湿度。入窖初期和贮藏后期，气温和窖温偏高时，将气孔和出入口昼闭夜开，降低窖温。当窖温降到 1℃左右时，要陆续关闭通气孔，只留出入口适当通风换气，控制窖温保持 −1～1℃；相对湿度以 80%～90%为好，湿度不足可在地面喷水保湿；这样可贮藏 3～4 个月。三是要经常检查，发现烂果及时清除。

（三）二氧化硫贮藏法（气藏法）

即利用二氧化硫（SO_2）气体进行防腐贮藏。SO_2 不仅可减低葡萄果实的呼吸强度，而且有灭菌、保色、保鲜的效果。利用 SO_2 贮藏葡萄方式较多。

（四）二氧化硫药包贮藏

果箱内放入亚硫酸氢钠和吸湿硅胶混合粉剂。亚硫酸氢钠的用量为果穗重量的 0.3%，硅胶为 0.6%。二者在应用时混合后分成5包,按对角线法放在箱内的果穗上,利用其吸湿反应时生成的二氧化硫保鲜贮藏。一般每20～30 d换一次药包,在1～2℃的条件下即可贮藏到春节以后。

(五)化学保鲜剂贮藏

常用的化学保鲜剂有S-M和S-P-M两种片剂及天津农产品保鲜中心研制的CT型保鲜片或其他袋装药剂。上述保鲜剂和塑料保鲜袋配合贮藏葡萄有良好的保鲜效果。具体方法是:将成熟良好的葡萄采下后,经过挑选,在室内预冷,然后装入0.04 mm厚的聚乙烯塑料保鲜袋内。每袋装果量为4.5 kg,然后放入8～10片(相当果重0.2%)S-M或S-P-M保鲜药片,扎紧袋口,置于0～1℃的贮藏室。这种方法可保鲜贮藏达3～5个月之久。

在家庭进行少量贮藏时,单纯使用塑料保鲜袋贮藏葡萄也有一定的保鲜效果,但一定要注意将装好的果袋置于低温冷凉处,而且不能随意打开袋口,否则将严重影响贮藏效果。

(六)微型冷库(MCS)与保鲜袋、保鲜剂复合保鲜贮藏

采用微型冷库与保鲜袋、保鲜剂结合进行葡萄贮藏是当前葡萄产区值得推广应用的葡萄商品化保鲜贮藏新方法。该方法投资小、设备简单、贮藏量大、贮藏效果明显。微型冷库可以新建,也可用防空洞、窑洞及普通房屋改建。它由贮藏室、机房和缓冲间3部分构成,配置冷风机通风制冷,48 h内能使葡萄果实温度降至0℃,使库温稳定维持在(－0.5±0.5)℃的条件下。

修建一个100 m^3的库可贮藏葡萄1.8万kg,管理得当,当年即可收回全部投资并有盈利。另外,微型冷库除用于葡萄贮藏之外,还可用于其他农副产品及加工产品的保鲜贮藏。

采用微型冷库与保鲜袋、保鲜剂结合进行葡萄保鲜贮藏的工作流程是:采收选择优质葡萄—果穗整理装入内衬聚氯乙烯(PVC)或聚乙烯(PE)保鲜袋的果箱—果穗间隙加葡萄保鲜剂—

扎紧袋口—运入微型冷库—(－1±0.5)℃敞口预冷10～12 h—扎紧袋口、封箱、码垛—(－0.5±0.5)℃条件下贮藏。采用微型冷库(MCS)贮藏，在6～7个月内不再进行任何处理，贮藏6个月后，葡萄好果率仍在98%以上，这种微型节能型的商品化葡萄贮藏方法值得在各地推广。

第九章 “绿色食品”葡萄

第一节 绿色食品的概念

“绿色食品”是遵循可持续发展原则，按照特定生产方式生产，经专门机构认定，许可使用绿色食品标志的安全、优质、营养类食品的统称。“绿色食品”与普通食品区别在于强调产品出自最佳生态环境，从原料产地的生态环境入手，通过对原料产地及其周围的生态环境的严格监测，判定其是否具备生产绿色食品的基础条件，而不是简单地禁止生产过程中化学物质的使用；“绿色食品”对产品实行“从土地到餐桌”的全程质量控制，而不是简单地对最终产品的有害成分含量和卫生指标进行测定，在农业和食品生产领域树立了全新的质量观；“绿色食品”是政府授权专门机构管理绿色食品标志，是一种将技术手段和法律手段有机结合起来的生产组织和管理行为。

“绿色食品”分AA级和A级，AA级指食品生产过程中不使用任何有害化学合成物质，A级指生产过程中允许限量使用限定的化学合成物质。

第二节 绿色食品的生产标准

绿色食品生产过程控制是绿色食品质量控制的关键环节，绿色食品生产过程标准是绿色食品标准体系的核心。“绿色食品”葡萄生产过程的标准，包括两部分：生产资料的使用和生产操作规程落实。

一、生产资料

农药、肥料的使用,应从葡萄管理到病虫害防控等整个生态系统出发,综合运用各种防治措施,创造不利于病虫害的滋生、有利于各类天敌繁衍的环境条件,保持生态系统的平衡和生物多样化,减少各类病虫害所造成的损失。

被禁止使用的农药:①高毒、剧毒,使用不安全;②高残留,高生物富集性;③各种慢性毒性作用,如迟发性神经毒性;④二次中毒或二次药害,如氟乙酰胺的二次中毒现象;⑤三致作用,致畸、致癌、致突变;⑥含特殊杂质,如三氯杀螨醇中含有DDT;⑦代谢产物有特殊作用,如代森类代谢产物为致癌物ETU(乙撑硫脲);⑧对植物不安全、药害;⑨对环境生物有害。

允许使用的有机合成农药在一种作物的生产期内只允许使用一次,确保环境和食品不受污染。

使用的肥料:①保护和促进使用对象的生长及其品质的提高;②不造成使用对象产生和积累有害物质,不影响人体健康;③对生态环境无不良影响。规定农家肥是主要养分来源。肥料使用准则规定生产绿色食品允许使用的肥料有7大类26种。在AA级绿色食品生产中除可使用Cu、Fe、Mn、Zn、B、Mo等微量元素及硫酸钾、煅烧磷酸盐外,不使用其他化学合成肥料,完全和国际接轨。A级绿色食品生产中则允许限量地使用部分化学合成肥料(但仍禁止使用硝态氮肥),以对环境和作物(营养、味道、品质和植物抗性)不产生不良后果的方法使用。

二、操作规程

生产操作规程是绿色食品的生产资料使用在一个物种上的细化和落实,是种植业“绿色食品”葡萄生产的具体规定,即施肥、浇水、喷药及收获等各个环节中必须遵守的规定。其主要内容是：①农药的使用在种类、剂量、时间和残留量方面都必须符合《生产绿色食品的农药使用准则》；②肥料的使用必须符合《生产绿色食品的肥料使用准则》，有机肥的施用量必须达到保持或增加土壤有机质含量的程度；③选育尽可能适应当地土壤和气候条件、并对病虫草害有较强的抵抗力的高品质优良品种；④尽可能采用生态学原理，保持物种的多样性，减少化学物质的投入。

第三节　生态环境条件

一、园址选择

"绿色食品"标准规定：产品或产品原料产地必须符合绿色食品产地环境质量标准。产地的生态环境主要包括大气、水、土壤等因子；产地应选择空气清新、水质纯净、土壤未受污染，具有良好农业生态环境的地区，应尽量避开繁华都市、工业区和交通要道；要求地表、地下水质无污染，周围没有金属、非金属矿山，无农药残留污染，且土壤肥沃的地区建园。

二、对大气的要求

要求产地周围不得有大气污染源，特别是上风口没有污染源；不得有有害气体排放，生产生活用的燃煤锅炉需要具备除尘除硫装置。大气质量要求稳定，符合绿色食品大气环境质量标准。大气质量评价采用国家大气环境质量标准 GB 3095—1996 所列的一级标准。主要评价因子包括总悬浮微粒（TSP）、二氧化硫（SO_2）、氮氧化物、氟化物。

三、对水环境要求

要求生产用水质量有保证；产地应选择在地表水、地下水水质清洁无污染的地区；水域、水域上游没有对该产地构成威胁的污染源；生产用水质量符合绿色食品水质环境质量标准。其中农田灌溉用水评价采用国家农田灌溉水质标准 GB 5084—92；渔业用水评价采用国家渔业水质标准 GB 11607—89；畜禽饮用水评价采用国家地面水质标准 GB 3833—88 所列 3 类标准；加工用水评价采用生活用水标准 GB 5749—85；主要评价因子包括常规化学性质（pH 值、溶解氧）、重金属及类重金属（Hg、Cd、Pb、As、Cr、F、CN）、有机污染物（有机氯等）和细菌学指标（大肠杆菌、细菌）。

四、对土壤的要求

要求产地土壤元素位于背景值正常区域，周围没有金属或非金属矿山，并且没有农药残留污染，评价采用《土壤环境质量标准》（GB 15618—1995）。同时要求有较高的土壤肥力。土壤质量符合绿色食品土壤质量标准。土壤评价采用该土壤类型背景值的算术平均值加 2 倍的标准差。主要评价因子包括重金属及类重金属（Hg、Cd、Pb、Cr、As）和有机污染物（六六六、DDT）。

第四节 “绿色食品”具备条件

（1）产品或产品原料的产地必须符合农业部制定的“绿色食品”生态环境质量标准。

（2）农作物种植及食品加工业必须符合农业部制定的“绿色食品”生产技术操作规程。

（3）产品必须符合农业部制定的“绿色食品”质量和卫生标准。

（4）产品外包装必须符合国家食品标签通用标准，符合“绿色食品”特定的包装、装潢和标签规定。

第五节 生产操作规程

一、规程制定

根据当地的生态条件、葡萄管理水平、病虫害发生规律和防治措施,结合绿色食品葡萄对农药残留的要求,以及各生物期生长发育的特点,制定出切实可行的绿色食品葡萄生产操作规程。

二、规程内容

绿色食品葡萄生产操作规程指在葡萄整个生长或年周期中,从栽培管理到病虫害防治等人为采取的一切措施,包括施肥的种类、数量、配方、时期、次数、方法;以及灌水的方式、数量、时期、方法;喷药的种类、时期、方法、次数;葡萄套袋的种类、时期、方法;采收的时期及其他人为的措施等。

三、生产技术要点

1.改土施肥

目前大部分葡萄园多数偏施氮肥、磷肥,钾肥严重不足,微量元素更加缺乏,葡萄园有机质含量较低。因此,提倡多施有机肥,采取配方施肥、平衡施肥,增施微量元素,是获得葡萄高产优质的关键。

2.合理负载

产量过高不但影响品质和推迟成熟,而且容易使树体早衰,生产上一定要严格控制树体负载量,正常的管理条件下,健壮的结果枝可留 1～2 穗果,中庸枝只留 1 穗果,弱枝不留果(疏去花穗)。对常规葡萄品种,最合理的负载量是每亩 1 500～2 000 kg,产量过高影响质量,价格上不去,还可对葡萄生长发育产生一连串的副作用。

3. 葡萄套袋

套袋是获得鲜艳、优质、无公害果的最好途径之一。成为生产高档葡萄所必不可少的一个重要环节。葡萄套袋能有效减少果实病虫危害，减少喷药次数，降低农药残留，提高果实品质，增加商品价值。

4. 防治病虫害，减少葡萄的农药污染

在使用化学农药防治病虫害的时候，葡萄穗粒上残留大量的有害农药用于鲜食，往往会产生中毒事件。因此，采用综合的技术措施，使农药对葡萄的污染降低到人体能够允许的限度，达到安全、健康的目的。

运用农业、人工、物理、生物防治病虫害，严格控制农药污染。国家规定允许使用植物源农药、动物源农药、生物源农药，在矿物源农药使用中，允许使用硫制剂、铜制剂；严禁使用剧毒、高毒、高残留或具有致癌、致畸、致突变的农药。

第十章　葡萄园的改造与更新

第一节　葡萄园的改造

随着栽培年限的延长，葡萄品种的老化、树势衰弱、产量降低、经济效益下滑是不可避免的问题。在形成的过程中，有历史的原因，也有人为的因素，历史的主要指传统的栽培品种、方式、管理措施等落后，不能有效地利用土地增加经济收入；人为的主要指对市场的需求缺乏预见性，盲目选择名、优、特、新品种栽培，对当地气候等条件、土壤条件，品种的适应性、抗寒性、抗逆性、耐储运性不能充分了解等；还有葡萄园选址不当、栽后管理不善等问题，导致必须更新改造的。

一、树势衰弱，主蔓老化

树势衰弱，主蔓老化的速度主要取决于葡萄园的管理水平，包括树体的营养水平及结果负载量的控制；常年的病虫防治以及枝干病虫危害程度、修剪所造成伤口的大小等问题，而导致树势严重衰弱，需要更新改造的。

二、品种老化

品种老化的原因主要是种植葡萄者对市场需求缺乏预见性，不管品种特性及品种对当地水土的适应性，建园时盲目选择名、特、新品种，而这些品种因抗寒性、抗逆性、耐贮运性差而不能产生应有的经济效益，进入淘汰行列。

三、改造的措施

(1)树体整形改造。对部分品种因不适应当地环境气候条件而形成的“小老树”、“低产树”,除加强土壤改良、增施有机肥料、有效防治病虫害外,要求从树体的底部平茬促发强壮新梢重新培养树形,或在原有主蔓上选一个强壮新梢作为延长梢,以增强树势,促进生长;中耕除草,促进根系生长,提高根系的吸收能力;加大冬季埋土的范围、厚度,经过 1～2 年改造,提高葡萄园的产量和质量。

(2)树势衰弱的葡萄园,通过各种管理措施延缓其衰老程度,重点是控制产量,提高树体营养生长水平。在生长季节阶段的树体管理上,进行抹芽而不是单纯的疏枝,当树势衰老后,需要及时进行更新。一是将衰老的枝蔓疏除,利用其下部冒出的徒长枝进行更新;疏除老蔓造成的伤口要用药物处理,以免从伤口处感染蔓枯病等。徒长枝生长旺盛,只要精心管理,很快就可以培养成新主蔓。二是利用枝干下部的萌蘖枝有计划地培养新主蔓,进行更新。

(3)对一些新引进的名、特、新品种,因不适应当地气候环境条件的进行改接换头,或重新种植建园。

(4)培肥土壤,促进根系生长,增强根系的吸收能力。冬季埋土时要加大埋土的范围、厚度,防止发生冻害。

(5)行间更新。树龄在 5 年左右,行距较宽(4 m 以上)的葡萄园。具体做法:冬剪时对原葡萄植株进行疏剪,除去衰弱有病的植株,留下的健壮植株也尽量少留芽,同时在原葡萄行间开沟施入农家肥,灌冬水。春季在原葡萄行间开沟处栽上更新幼苗,最好用嫁接苗,刚栽 1～2 年老品种和新栽幼苗同时生长,待第 3 年将老品种全部挖除,利用新栽品种进行结果。这种更新方法是在不影响当年收入或影响很小的情况下进行的,农户比较容易接受。但行间距小于 3 m 的老葡萄园不能采用这种更新方法。

第二节 葡萄园的更新

葡萄嫁接更新就是把淘汰品种的主蔓去掉，利用其发达的根系，将名、优、特、新品种嫁接在植株上，使之成为新的品种。一般采用硬枝或绿枝嫁接的方法。

一、硬枝嫁接

适宜的时间在葡萄伤流前后，选择充分成熟，芽眼饱满，无病虫害的 1 年生枝条，硬枝嫁接成活率较高，新梢生长量大，有利于当年枝蔓满架。

(一)高、低位嫁接

原有种植品种和更换的品种亲和性好，本身抗逆性强，适于作砧木，可以采取改接换头的方法，更新品种。高位嫁接适用于树龄在 10 年左右、树势较旺且 1 m 以下枝蔓无损伤、无病虫危害葡萄园的更新；低位嫁接主要适用于树龄大于 10 年、树势衰弱或枝蔓太粗不易埋压或枝蔓有机械损伤、有病虫危害葡萄园的更新。

(二)嫁接方法

硬枝嫁接可采取室内嫁接和室外就地嫁接两种方法，通常在早春进行。室内可采用舌接法，或嵌接法、劈接法，室外田间只能采用劈接法或切腹接法。室内嫁接可用机器进行，我国主要采用人工嫁接。

1. 劈接法

田间供劈接的砧木在离地表 10～15 cm 处剪截，在横切面中心线垂直劈下，深 2～3 cm。接穗取 1～2 个饱满芽，在顶部芽以上 2 cm 和下部芽以下 3～4 cm 处截取。在芽下两侧分别向中心切削成 2～3 cm 的长削面，削面务必平滑，呈楔形。随即插入砧木劈口,对准一侧的形成层,并用塑料薄膜带将嫁接口和接穗包扎严实,暂不露出接芽。在接芽萌发前,在芽上方,用刀片将包扎带划破1个小口,以便新梢伸出。供室内劈接的砧木有砧木种条(砧杆),或带根砧苗。无根砧木种条的长度为15～20 cm,有2～4节。接穗长度5～6 cm,留1个饱满芽。无论用哪种砧木,嫁接方法均与田间劈接相同。

2. 舌接法或嵌接法

这两种嫁接方法,由于砧、穗削面为完全相同的"舌"形,或"凹凸"形,田间人工操作较为困难,只适宜室内进行。要求砧木和接穗粗度大体相同,直径0.6～1.0 cm为宜。

舌接法:砧木长度15～20 cm,接穗长5～6 cm 1个芽。在砧木顶端一侧,由上向中心削长约2 cm的斜面,再从顶端中心垂直下切,与第一刀形成的斜面底部相接,切下一个三角形小片,出现第一个"舌头"。然后,在砧木的另一侧,由下向中心削一个与前一削面相平行的斜面,切去另一个三角形小片,出现第二个"舌头"。至此,砧木的"舌"形切口即告完成。用同样方法切削接穗的"舌"形切口,其削面的斜度和大小与砧木上的相同。将接穗和砧木"舌"形切口相卡,并对准形成层,上下挤紧,舌接法完成。

嵌接法:削面为平面,切口垂直,呈阶梯形,砧杆和接穗的阶梯形切口相互凹凸,大小相等,彼此嵌合紧即成。

用以上两种嫁接法和室内砧杆劈接法嫁接后的接条,需进行接口愈合和砧杆催根处理。方法是接条垂直排放在愈合箱中,箱底部和接条之间填充湿锯末,接穗上部芽眼露外。愈合箱放在火炕或电热线温床上,加温到25～28℃。15～18 d后,当接口开始愈合、砧杆出现根原体或幼根时,停止加温。锻炼几天后,即可移植到苗圃。

二、绿枝嫁接

(一)嫁接时期

接穗和砧木当年生绿枝达到半木质化状态,即刀削后稍露白时即为嫁接最适时期,一般 5 月下旬至 6 月下旬均可进行。绿枝嫁接时间确定的原则是:嫁接成活后,新梢应有 90 d 以上的生长期,枝条能正常老熟。

(二)接穗的准备

准备采集接穗的优良品种植株,萌芽前要充分灌水施肥,发芽后尽量多留枝,以促发较多的接穗枝条。

接穗应选取新梢中上部芽眼充实的绿枝,夏季修剪中剪下的健壮副梢是良好的接穗材料。剪取的绿枝接穗,要随采随用。对已采集的接穗摘去叶片后保留少许叶柄,包在湿毛巾里,以保持接穗的新鲜。如需远途运输,可存放于装有冰块的保温瓶内。

(三)砧木准备

砧木选用粗度和接穗大致相同的幼苗或强壮新梢,主要利用平茬后基部发出的健壮萌蘖。也可利用当年扦插苗做砧木,但是为了促使砧苗粗壮,可在砧苗长出 4～5 片叶时进行摘心处理。

(四)嫁接方法

1. 劈接法

先削接穗,接穗上留 1～2 个芽,在接穗下部芽的下方 0.5～0.8 cm 处两面削出 2.5～3.0 cm 长的斜面。斜面要平滑,呈楔形,切面要一刀削成。削接穗时要一边稍薄,另一边稍厚,这样有利于插入砧木后接合严密。接穗下部削好后在芽的上部留 2.0～2.5 cm 剪断,放入清水中或含在口中,然后将砧木苗留 3～4 片叶剪断,再用刀片在断面中央垂直向下纵切成长 2.5～3.0 cm 的切口,随之即将接穗缓缓插入切口。插入时对于切面薄厚不等的接穗,削面的厚面朝外,薄面朝里,这样穗砧结合紧密。同时,要注意使砧木和接穗的形成层对齐，接穗插入后，削面上方稍稍“露白”1～2 mm，以利于愈合。

2. 舌接法

将砧木先剪断，而后用刀削一个马耳形的斜面，斜面长 5～6 cm。再在斜面前端 1/3 处垂直向下切一刀，深约 2 cm。接穗上留 2～3 个芽，在下端削一个和砧木相同的马耳形斜面，斜面长也为 5～6 cm。再在斜面前端 1/3 处垂直向下切一刀，深约 2 cm。将砧木和接穗伤口对齐，由 1/3 处向前移动，使砧木的舌状部分插入接穗中，接穗的舌状部分插入砧木中，双方伤口互相贴合，形成层相接。

嫁接后用 1～2 cm 宽，30～40 cm 长的塑料条从砧木接口的下边向上缠绕，一直缠到接穗的上切口，塑料条的末端回绕到下边打个活结即可。为了防止接口处水分散失以及成活后抽生的嫩梢遭日灼，可用砧木上靠近接口处生长的叶片包住接口。

三、嫁接后管理

嫁接后必须加强管理，才能达到优质丰产的目的。如果管理不善，那么即使嫁接成活了，最后也会前功尽弃，甚至毁坏砧木，得不偿失，所以不能仅仅满足于嫁接的成活，还必须进行及时认真的管理。

1. 除萌蘖

嫁接成活后，砧木上会长出许多萌蘖。为了保证嫁接成活后新梢迅速生长，不致使萌蘖消耗大量的养分，应该及时把萌蘖除去。

2. 解捆绑

进行葡萄绿枝嫁接，大多使用塑料条捆绑，塑料条和塑料套能保持湿度，有弹性，绑得紧，其缺点是时间长了，会影响接穗及砧木的生长，一般当新梢长至 30 cm 左右时要及时解除接口上绑扎的塑料条，防止影响枝条加粗生长，但也不能过早解除绑扎物，以免影响嫁接的成活。

3. 立支柱

嫁接成活后，由于砧木根系发达，接穗的新梢生长很快，但是这时接合处一般不够牢固，很容易被大风吹折。所以在风多的地方，为了防止风害，要采用立支柱的方法，把新梢绑在支柱上。一般在松塑料条的同时进行，靠近砧木插入1～2根立柱，把新梢绑在支柱上，绑时不要太松或太紧，太紧会勒伤枝条，太松则起不到固定的作用。立支柱固定接穗生长出的枝梢，是一项非常重要的工作，因此，要提前准备好用作支柱的竹竿、木棍等，以提高嫁接后的保存率。

4. 新梢摘心

为了控制过高生长，当嫁接成活后，接穗新梢生长到40～50 cm时，要进行摘心，摘心可以控制枝梢徒长，促进枝梢成熟，提高越冬防寒的能力。摘心工作可以进行2～3次，即反复摘心。

5. 防治病虫害

后期葡萄园的白粉、霜霉病比较严重，而且主要为害幼叶，因此必须加强对病虫害的防治工作，有效地保护幼嫩枝叶的生长。

6. 加强肥水管理

嫁接后的植株生长旺盛，喜肥需水，应及时施肥和灌水，以促进嫁接苗木的生长。特别是叶面肥的补充，一般每7～10 d喷施1次0.2%的磷酸二氢钾或叶面宝等叶面肥，连用3～4次，以促进枝条老熟，安全越冬。

四、注意的问题

(1)选择亲和力好的品种作为更新品种，要求嫁接后品种的当年生长量达到80～150 cm之间，且成熟度较好的才能安全越冬。

(2)掌握绿枝嫁接的时期，是嫁接成活率的重要保证；同时，注意嫁接的高度。我国北方冬季寒冷，部分地区葡萄枝蔓需要下架埋土，嫁接部位过低，嫁接口容易劈开，因此嫁接适宜的高度即砧木剪留高度应该是 30～40 cm，为保险起见，到第 2 年葡萄出土后可以采取压蔓的方法将嫁接部位压入土中，深度与压蔓补株的深度相同，以防止葡萄根系易冻、受旱。

第十一章　观光休闲葡萄园的建设

第一节　休闲农业的内涵、作用及发展前景

一、休闲农业的概念

休闲农业指利用景观资源和生产条件，发展观光、休闲、旅游的一种新型农业生产经营形态。也是深度开发农业资源，调整产业结构，改善生态环境，增加农民收入的新途径。

所谓大泽山葡萄休闲农业，实际上是利用田园景观、自然环境资源、现代高效特色的示范葡萄园区，结合农业生产经营、农村文化及农村生活习俗，经过科学规划，为游人提供休闲、观光、度假、娱乐、健身及教育、推广、示范等多种服务，以促进农民就业增收和新农村建设为主要目标的新型产业。是横跨一、二、三产业，把农业、农产品加工业和服务业紧密联系的一个新型农业产业形态。休闲农业的发展起源于20世纪80年代，经过二三十年的发展，现在已经形态多样化，游客不仅可观光、采葡萄、体验农作、了解农民生活、享受乡土情趣，而且可住宿、度假、游乐、节庆活动等各种业态。

二、发展休闲观光农业的作用

休闲农业是集生产、生活、生态于一体的农业经营方式，充分体现了人与自然的和谐，为城市居民提供了亲近自然、回归自然的机会。其所提供的休闲产品、休闲活动和休闲服务，具有明显的服

务业商品特征。同时，休闲农业不仅依靠生产农产品直接获利，而且对农业生产过程、自然生态、农村文化和农村生活等赋予商品性，变自然资源为商品资源，极大地拓宽了农民的就业增收的渠道，农业增效显著。据调查：年接待 10 万人的休闲农庄，可直接间接安置从业农民 300 名，实现营业收入 1 000 万元。北京农学院都市农业研究所所长史亚军在第十三届中国科协年会上透露信息，我国 2010 年休闲农业接待的旅游人次超过 4 亿人，营业收入超过 1 200 亿元，带动农民从业 1 500 万人。

发展休闲农业是拓展农业功能和促进农业农村结构调整的一个重要举措。实际上是把农业的单一功能，即原来的产品生产功能，向休闲观光、文化传承、就业增收、生态保护、原料供给等多功能去延伸。通过休闲农业的发展，把农业产业区变成一个风景很美的景区，把农产品可以变成一个旅游商品、礼品，把枯燥的劳动变成一种健身运动与体验。通过产区变景区，产品变礼品，吸引大量的旅游人口过来，进行采摘、消费，变外销为内销，减少了交易环节，实现了产品的增值。据测算，休闲农业对相关产业拉动的比例为 1∶4。通过对一些观光园、农庄的调查显示：发展休闲观光农业，农产品的附加值、从业容量、农业效益、产出平均提高 3 倍以上。据北京市统计，黄金周有 50 万的人群到郊区休闲观光，人均消费 100～150 元钱，带动了一方经济的发展。

三、前景展望

休闲农业具有良好的发展前景。一是政策扶持。休闲农业的地位和作用被各级政府所认同，从中央到地方政府，出台了一系列的政策，进行了规范的引导和推动，形成了一个蓬勃发展的态势。二是有需求。我国城市化率每年提高接近 1 个百分点，城市化进展很快。另外，城市工作压力大、环境拥挤、生活节奏快，很多城市居民需要在休闲的时光，找一个宁静、可以放松心情的地方去休闲娱乐。为此，休闲农业就提供了很好的热土。我国旅游资源丰富，70%以上的旅游资源在农村，各地的名胜古迹、知名景点，已经开发的差不多了。今后的消费热点、趋势、时尚是到农村休闲、放松、消费，而不是单纯的旅游、观光。三是经济的快速发展为其提供了强劲动力。近几年，城镇居民和农民的收入增长很快，在收入高速增长的过程中，恩格尔系数在不断地下降，城乡居民除了解决温饱以外，还有大量的收入，可以用于支付休闲文化方面的消费。按照党的十七大提出的到2020年实现人均GDP比2000年翻两番的全面小康新要求，届时我国人均GDP可达到3 500～4 000美元，将达到国际旅游界公认的旅游业爆发性增长的阶段，在这种情况下，广大城乡居民更有能力改变消费方式和消费取向。四是城镇居民节假日增多，为休闲农业的发展提供了机遇。我国从1995年起实行五日工作制，除"带薪休假"外，工薪阶层每年享有的法定假日有114 d，为城市居民提供了一个非常好的时间保障。休闲度假将成为一种大众化消费和生活方式。2009年国庆、中秋"黄金周"期间，北京市乡村旅游人数达到275万人次，同比增长26%，收入2.2亿元，同比增长25%。

第二节 大泽山葡萄休闲观光业的发展

葡萄休闲观光就是以葡萄生产为主体，经过对园区的科学规划和设计，充分利用其生产过程，周边的生态环境，广泛吸引游客前来观光、采摘、休闲、体验，实现葡萄产业的多元化、多功能、高效益。

一、葡萄休闲观光首选的理由

葡萄属落叶藤本植物，叶绿色、掌状，藤长12～20 m，充满生机和活力，依附它可以构建各种景观，弯弯曲曲的长廊、一望无际的绿色海洋，或如巨龙腾飞、或如大鹏展翅、或如孔雀开屏。其果实晶莹剔透、玲珑可爱，圆形、椭圆形、手指形、鸡心形，形形色色，红、黄、绿、白、紫、黑，五颜六色，给人一种美的享受。

葡萄是一种高效的经济作物，是农民致富的“摇钱树”。在我国果树总面积中葡萄种植占第四，产量第五，效益第一。在国际市场上，鲜食葡萄的价格高于桃、梨、苹果、柑橘、香蕉等水果价格，并具有早期丰产性，第1年栽植，第2年就有一定的收获，第3年可达到目标产量，在同样的条件下，收益回报要比其他果品提前。

葡萄浑身都是宝，葡萄嫩叶、葡萄根可以制茶喝，果实除作为鲜食用外，还可以酿酒，制成葡萄汁、葡萄干和罐头等食品。葡萄皮能降低胆固醇含量，改善过敏症状；葡萄果肉可以增强心、脑机能。葡萄干具有清肠作用超强，能很好地促进肠道蠕动，从而缓解便秘症状；葡萄干中，糖和铁的含量相对丰富，是妇女、儿童和体弱贫血者的滋补佳品。葡萄叶能缓解静脉和毛细血管的出血现象。葡萄汁可以保护肝脏健康。葡萄籽是抗氧化巨星，护肤养颜佳品。葡萄酒具开胃健脾，减轻动脉粥样硬化和预防心脏病、杀菌、养颜益寿之功效。葡萄的药用价值在我国历代医药典籍均有论述，中医认为，葡萄味甘微酸、性平，具有补肝肾、益气血、开胃力、生津液和利小便之功效。《神农本草经》载文说：葡萄主“筋骨湿痹，益气，倍力强志，令人肥健，耐饥，忍风寒。久食，轻身不老延年。”

葡萄有悠久的历史和浓厚的文化底蕴，具“水果之神”的称号。在西方古老的传说中，葡萄果实是由乐善好施的神 Osiris 把它带到人间来的，葡萄酒“Vin”一词，其实就是人们心中“神”的另一种说法。在宗教的含义里，葡萄园象征人们在俗世里最接近的快乐天堂。《圣经》里用葡萄树隐喻神的子民，葡萄是代表生命的果实，葡萄酒则象征着耶稣的血，葡萄园更是天堂的预科班——“来葡萄园劳作的人，无论早晚，都能进入天堂”。

葡萄是地球上最古老的植物之一，也是人类最早栽培的果树之一。大约在 100 万年以前,葡萄树就在地中海沿岸自然地生长着,法国南部阳光充沛的普罗旺斯地区就是葡萄的起源地,并从这里开始向东西方传播。在美洲新大陆,葡萄是由最早的殖民者传入的,尔后深入到美国东部各州。后来,亚历山大东征把希腊文明带入中亚,从此种植葡萄、酿葡萄酒和对酒神崇拜,开始在粟特人中广为流传。在中国,葡萄是由汉朝张骞在公元前 138 年出使西域时从波斯引进的,后来经丝绸之路把这个绿色使者引入。如今在全世界的果品生产中,葡萄的产量及栽培面积一直居于首位,成为人们心中真正的"水果之神"。

葡萄在历朝历代,不管是文人墨客还是达官贵人都对其赞美之词都毫不吝啬。唐朝王翰作《凉州词》:"葡萄美酒夜光杯,欲饮琵琶马上催。醉卧沙场君莫笑,古来征战几人回。"唐朝唐彦谦作《葡萄》:"金谷风露凉,绿珠醉初醒。珠帐夜不收,月明堕清影。"元朝郑允端作《葡萄》:"满筐圆实骊珠滑,入口甘香冰玉寒。若使文园知此味,露华应不乞金盘。"清朝吴伟业作《葡萄》:"百斛明珠富,清阴翠幕张。晓悬愁欲坠,露摘爱先尝。色映金盘果,香流玉碗浆。不劳葱岭使,常得进君王。"清朝陈维崧作《青玉案·夏日怀燕市葡萄》:"风窗冰碗谁消暑?记百颗,堆盘处。搁罢盈盈娇欲语。轻明晶透,芳鲜圆绽,小摘西山雨。"清朝萧雄作《葡萄》:"苍藤蔓,架覆前檐,满缀明珠络索园。赛过荔枝三百颗,大宛风味汉家烟。"

葡萄园是人们难以言说的梦想之地,滋养出许多艺术家。莫里亚克出生在盛产葡萄园的波尔多,他家的庄园里,满是茂密的松林和葡萄架;巴尔扎克笔下的众生,无论是吝啬鬼还是交际花,共同的活动背景之一就是葡萄园;凡·高生前卖出的唯一一幅画是《红色葡萄园》;海明威在 1911 年的第一个短篇故事里,特意把自己的出生地挪到了"马萨诸塞州马萨葡萄园岛上的一所白色房子里"。

葡萄园是电影的元素之一，预示着一个没有世俗烦恼的故事。《云中漫步》发生在葡萄园里，当那座碧绿通透的葡萄园豁然出现在山坡下，我们就知道这故事将无限圆满；侯麦的《秋天的故事》发生在葡萄园里，几个女人絮絮叨叨地议论着男人、爱情、生活，好像人生再无其他烦忧；《杯酒人生》发生在加利福尼亚的葡萄酒之乡，七天，完成了酒喻人生的过程，友谊，爱情，温情，希望，要有什么，就有什么。听到这些，看到这里，人们又怎么能不对葡萄充满偏爱？

葡萄的适应性极强，只要气候适宜，阳光充足，就可以生长在各种各样的地方，不管是山坡还是河边、平原、庭院，你种植在哪里它就在哪里生根、发芽、开花、结果。湖光、山色、人家、一望无际的绿色葡萄园，架下各式各样、各种颜色、玲珑剔透的宝珠，那就是一幅美妙的观光图画。置身葡萄园，来一壶有机葡萄茶，点几个特色葡萄菜，再来盘葡萄水饺……美景、美食，再加上低回婉转的音乐，那是多么美妙的一种享受啊！

中国酿酒工业协会葡萄酒分会名誉理事长，山东省酿酒葡萄科学研究所名誉所长，烟台市委常委、副市长刘树琪说："葡萄酒是集高效农业、绿色工业、特色旅游业及文化产业于一体的特色产业。"欧美国家乡村中有着延绵数千公里的葡萄长廊与星罗棋布的葡萄酒庄园，那里的农民世代从事葡萄与葡萄酒生产，人人脸上洋溢着生活富足的笑容，处处渗透着浓郁的葡萄酒文化氛围，去那里休闲旅游的各国游客络绎不绝。

葡萄观光产业最重要的功能之一就是提高葡萄种植的效益。发展葡萄观光产业，把葡萄产业原先的单一功能（生产葡萄产品），向葡萄休闲观光、文化传承、生态保护等多功能去延伸。通过葡萄观光农业的发展，把我们的葡萄产业区变成一个风景很美的景区；通过游客的参与，把我们的葡萄产品变成一个旅游商品，变成一种礼品，枯燥的种植劳动变成一种健身的运动与体验；通过卖景色，卖礼品,实现了葡萄的大幅增值。因此,发展葡萄观光业是提高种植效益,降低种植风险的重要途径。发展葡萄观光农业,大量人口的涌入吃、住、娱乐,进一步促进了葡萄加工业(葡萄汁、葡萄酒)、服务业(农家宴)、运输业等一系列产业发展,葡萄的价格、附加值、单位面积效益、产出也就可提高 3 倍以上(表 11-1)。

表 11-1 葡萄观光园与生产园的效益比较

园区名称	园区面积(亩)	主栽品种	亩产量(kg)	价格(元/kg)	建园成本(元/kg)	亩效益(万元)
青岛葡萄大观园	150	金手指	500	100	3 000	5
招远葡萄园	50	金手指	500	30	3 000	1.5
高氏葡萄庄园	100	玫瑰香、泽香	750	40	2 000	3
南盛家葡萄生产园	500	泽香	2 000	8	2 000	1.6
龙口	200	玫瑰香	1 500	10	2 000	1.5
上海马陆葡萄主题公园	500	巨峰、醉金香	750	80	2 000	6
马陆葡萄生产园	600	巨峰、玫瑰	1 000～1 200	16～20	2 000	1.6～2.0
老盛葡萄园	200	玫瑰香、红地球	1 500	10～12	2 000	1.5

二、葡萄观光园区的规划设计

葡萄观光园设计的内容:具有观光性能的观赏区,可以品尝葡萄、鲜榨葡萄汁美味的休闲娱乐区;体验农作、了解葡萄生产、享受乡土情趣农情体验区;展示葡萄文化,具有科普性能的科普馆或科普园,贯穿整个葡萄园的葡萄长廊以及让人们感受葡萄食文化的葡萄餐厅等。

(一)观赏区

栽植果实美观漂亮的葡萄品种,建成丰富多彩的葡萄架式,各种各样的葡萄景点,使之达到赏心悦目的效果。让游客欣赏青碧玉、红玛瑙、金琥珀、紫水晶、绿翡翠等颜色各异,手指形、圆形、椭圆形、鸡心形等形状百态的葡萄品种，给人以“恰似世间珍宝竞美，疑是繁星洒落天堂”的感觉，满足人们视觉的享受。

(二)农情体验区

将葡萄文化渗透进人们的休闲方式中。栽植不同的葡萄品种，让游客缴纳一定的费用，成为会员，认养一株或多株自己看好的葡萄树，并给葡萄树起上一个名字；生长季节，游客在节假日、星期天可以随时对葡萄进行管理，亲手进行施肥、浇水、摘心、抹杈等，了解葡萄的生长管理过程，体验劳动的辛苦与快乐；收获的季节，亲手摘下成熟的果实，享受丰收的喜悦。

(三)休闲娱乐区

该区域应栽植棚架葡萄，而且架面要高，方便游客活动，而且最好是封闭状态，避风遮雨，无论天气状况如何，都可照常接待；葡萄架下，适当安置适合观光旅游的休息设施，供游客品尝玫瑰香、草莓香、茉莉香、荔枝香等各种香型美味的葡萄品种，鲜榨葡萄汁，以及自酿的葡萄酒；还可以让游客玩几把扑克、杀几盘象棋娱乐娱乐。让游客远离城市繁华的喧嚣，摒弃蜗居闹市的拘谨，偷个浮生半日闲。

(四)科普展览区

选择实物、图片等多种方式展示葡萄的相关知识。葡萄的分类、葡萄的品种、葡萄的营养价值、葡萄的药效、葡萄的加工产品、葡萄的生产流程、葡萄的历史传说等，只要你想得到的与葡萄有关的文化都可以在这里展出。

(五)葡萄观光长廊

葡萄长廊是葡萄观光园不可缺少的组成部分，也是联系其他区域的纽带，一条迂回曲折有建筑特色的葡萄长廊本身就是一个观光景点。同时，可以做一些葡萄文化的展示牌 ，缺少它，整个园区就显得呆板，没有灵气。葡萄长廊还是一个较大的生产园，其产量与经济效益都相当可观，长 1 500 m、跨度 10 m 的长廊相当于挖掘 20 亩的耕地。

(六)葡萄采摘园

这对于偶尔到葡萄园来观光、休闲、娱乐的游客来说非常重要,他们不想体验管理的过程,但想体验丰收的喜悦,享受亲自动手采摘的快乐,该区域就要按照适合采摘的要求来设计,可以是棚架,也可以是篱架、"V"形架,甚至是不用架材的葡萄树。

葡萄好看就是艺术,好吃就是文化,正所谓"秀色可餐"。有条件的话,你可以建一个葡萄餐厅,把葡萄的食文化融入其中;游客在观景之后,来一壶用葡萄叶或葡萄根制成的有机葡萄茶,上几个葡萄特色菜:葡萄虾仁、葡萄芽炒土鸡蛋、葡萄酸汁肥牛,一瓶红葡萄酒,一份葡萄水饺——美景、美酒、美食,充满诗情画意,让游客乐在其中。

在观光园里建一个小酒堡,栽植上酿酒葡萄,把葡萄酒的生产过程、葡萄酒文化进行充分的展示。葡萄酒是奢侈的酒、享乐的酒、太平盛世阳光下的酒。她为全人类提供了一种全新的饮料,也为人类社会的生存和发展提供了幸福的源泉。对于现代人来说,饮葡萄酒这是一种美好的享受,为人类创造了一份不小的财富。

第三节　葡萄观光农业发展的典型

一、大泽山葡萄观光园

大泽山葡萄观光园是平度市政府立足实际,整合葡萄、旅游两大优势资源,外抓招商引资,内抓基础设施,而迅速发展起来的休闲观光农业园。总面积 94 km^2,辖 34 个行政村,3.2 万从业人口,3 万亩葡萄园。

观光园包括五龙埠、天池岭、芝莱山三大园区。五龙埠园区以发展各种各色的葡萄为主,景点上实施亭、池、潭、廊等的组合,是一个以葡萄为主的农业观光园区。在此基础上投建若干个别墅式民俗氛围浓厚的管理、品尝葡萄接待站，以供游客参与管理、就地食宿、体验果农丰收的喜悦；泽山湖南岸的天池岭周围则重点开发建设度假村，村内建花园式的葡萄系列加工厂、娱乐休闲城，各种风格的民俗村及葡萄种植园和百果园，沿湖建亭榭、钓台、游泳场等，以接待中外游客前来游览观光、休闲及召开各种会议；芝莱山园区则建一个大型的葡萄品种苑，展示国内外最优良的、各式各样的葡萄品种，并重修战国烽火台，恢复一段古驿道，兴建古驿站，修建岳石文化博物馆、民俗村，集购物、食宿、娱乐为一体的仿古商城，弘扬历史文化，重现历史旧观。三大园区各具特色，各有千秋，既能相互连接，构成一幅大画卷，又可独树一帜，独成一景。

据统计，观光园年接待游客 60 万人次以上。2011 年葡萄产量达到 2 万 t，实现产值 4.2 亿元，农民人均纯收入 1.3 万元。由此大泽山葡萄观光园被评为全国休闲农业与旅游示范点。

二、上海马陆葡萄主题公园

坐落在上海市嘉定区马陆镇东北角的“马陆葡萄主题公园”，始建于 2005 年 3 月，占地 30 hm^2，总投资 4 000 余万元。主题公园以葡萄为依托，采用现代农业设施栽培技术，着力向游人展现“情侣葡萄园”、“采摘葡萄园”、“观赏葡萄园”、“水上葡萄园”、“葡萄盆景园”、“葡萄长廊”、“葡萄科普园”、“葡萄科普馆”、“水果花卉园”、“垂钓中心” 十大景观，形成一个集科研、示范、培训、休闲于一体的农业观光园区，充分展示了田园风光与现代农业的魅力。2006 年，被评为“全国农业旅游示范点”；2008 年 5 月，马陆葡萄公园被评为“上海市科普教育基地”，2009 年升级为“全国科普教育基地”；同年，公园又被评为“国家 AAA 级旅游景区”。2011 年到葡萄主题公园采摘观光的游客达到 10 万人，近 20 万 kg“传伦”牌葡萄“足不出户”在马陆葡萄公园内售罄，销售价格达到 80 元/kg，仅葡萄一项收入就达到 1 600 万元。在这里，葡萄观光农业的效应得到了淋漓尽致的体现。

三、青岛葡萄大观园

青岛葡萄大观园位于大泽山滋阳湖畔，面积 15 hm^2。南依始皇拜月的芝莱山，北邻岳石文化发祥地，是山东省鲜食葡萄研究所对外展示的重要载体。园内植有金手指、摩尔多瓦、维多利亚、巨玫瑰等各具特色的有机葡萄百余种，还有葡萄长廊、葡萄博物馆、百年葡萄树、葡萄酒坊、葡萄采摘园等，是一个集科研、科普宣传、文化展示、休闲娱乐等多功能于一体的生态文化场所。

当您告别喧哗的城市，抛开日常的繁忙，进入大观园，可以漫步在壮观的葡萄长廊，享受葡萄历史与文化的盛宴，见证大泽山葡萄 2 000 多年的栽培历史与品种演变；登上南面的芝莱山，遥想始皇拜月的情景；远眺北面的淄阳湖，寻找岳石文化的足迹；可以欣赏各种颜色、各种形状的葡萄，青碧玉、红玛瑙、金琥珀、紫水晶，五彩缤纷，圆形、椭圆形、手指形，林林总总；可以品尝各种不同风味的葡萄，玫瑰香味、草莓香味、茉莉香味、蜂蜜香味、桂花香味……还有中国最甜的金手指葡萄；可以参观全国首家鲜食葡萄博物馆，了解葡萄的起源与分布、栽培与管理、品种与种类、营养与健康等众多的科普知识；还可以参观有 110 年树龄的“龙眼”葡萄树，倾听她的历史传说；冬天还可以欣赏滋阳湖里美丽的白天鹅……所有这些都可能使您飘飘欲仙，流连忘返。不用到处寻觅，这就是世外桃源！

葡萄大观园自 2010 年接待游客 3 万余人次，销售巨峰、玫瑰香等葡萄 5 万 kg，价格 20 元/kg，销售金手指葡萄 1 万 kg，价格 100 元/kg，收入达到 200 万元。

第十二章　葡萄的营养与保健

葡萄含有丰富的营养，被誉为“水果皇后”。鲜果美味可口，干果别有风味，果汁清凉宜人，果酱调食最佳。

葡萄浆果：色泽鲜艳，营养丰富，汁液多，味美可口。据分析，浆果内含有10%～25%的葡萄糖和果糖，0.5%～1.4%有机酸，0.15%～0.9%蛋白质，0.01%～0.1%果酸，并含有钙、钾、磷、铁等有益于人体的矿物质和各种维生素。1 kg 葡萄在人体内产生的热量相当于2 kg 苹果或3 kg 梨，并含有维生素（A、B_1、B_2、B_{12}、C、E）、胡萝卜素、硫胺素、核黄素、食品纤维素等有机成分，以及天然聚合苯酚物质，能与细菌及病毒中的蛋白质化合，使之失去传染疾病能力，对于脊髓灰白质病毒及其他一些病毒有良好杀灭作用，能使人体产生抗体，对神经衰弱和疲劳过度有一定的疗效，被视为珍贵水果。

葡萄酒：营养丰富，味甘性温，味道清甜爽口，含有10多种氨基酸和多种维生素，以及维生素 B_{12} 等，经常少量饮用葡萄酒，有强身壮体、提高免疫、舒筋活血、开脾健胃、消化提神的作用，并对恶性贫血等疾患治疗有益。

葡萄汁：能提高人体血浆里的维生素 E 以及抗氧化剂的含量，有滋养、健胃、益气等功能。

葡萄干：为营养食品，适合于虚弱体质者食用，能开胃增进食欲，并有补虚、止呕、镇痛等功效。

葡萄根及叶：有祛风湿、利小便、镇静止痛的作用，可用于治疗风湿痹痛、腰脚疼痛、关节痛、小便不利、水肿、肝炎、黄疸等无名肿毒。

葡萄藤：具有抗癌作用，常用于食道癌、肝癌、淋巴肿瘤、乳腺癌、肺癌等治疗。

醋泡降压葡萄干：葡萄干制作过程中经过晾晒，含了抑制人体老化的抗酸化和降血压、防癌的物质多酚。多酚大多存在于葡萄皮中，吃葡萄干就可连皮一起吃下。如用疏通血液、降压降脂的食醋泡食，保健效果更好——将一勺葡萄干和一勺黑醋混合，放 5 min 左右就可食用。但葡萄干含糖高，糖尿病人不宜食，没有糖尿病的人也要限量。一般每天吃一次，每次吃 50 粒左右较合适。

葡萄姜汁：胃虚呕吐的患者，可取葡萄汁一小杯，加生姜汁少许调匀喝下，有止吐的功效。

葡萄菜汁：声音嘶哑的患者，可取葡萄汁与甘蔗汁各一杯混匀，慢咽下，一日数次，有辅助治疗作用。高血压患者，则可取葡萄汁与芹菜汁各一杯混匀，用开水送服，2～3 次/d，15 d 一疗程。

野葡萄根水：野葡萄根 30 g 煎水服有止吐和利尿消肿的功效。还有人用新鲜葡萄根 30 g 煎水喝，用于黄疸型肝炎辅助治疗。

葡萄叶糊：葡萄叶可治婴儿腹泻。取葡萄叶适量，洗净，煎水两次后去渣浓缩成糊状，加面粉和白糖各半，拌匀后制成软粒，再烘干或晒干。1 岁以上的，每次服 3～6 g，2～3 次/d；1 岁以下酌减。

葡萄肾炎粥：桑葚 60 g、薏苡仁 40 g、葡萄 30 g，大米适量，加水煮粥。1～2 次/d 服食。

葡萄叶降脂饮：葡萄叶、山楂、首乌各 10 g 加水煎汤。1～2 次/d 饮用。

研究表明，葡萄具有防癌、抗癌的作用。在那些种植葡萄和吃葡萄多的地方，癌症发病率也明显减少。这主要是因为它含有一种抗癌微量元素（白藜芦醇），可以防止健康细胞癌变，阻止癌细胞扩散。这种在葡萄皮和葡萄籽含量丰富的白藜芦醇，是葡萄中最主要的植物活性成分，是抗氧化的绝佳食物。所以，吃葡萄不吐葡萄皮是科学的。

将葡萄皮和葡萄籽一起食用，特别有益于那些局部缺血性心脏病和动脉粥样硬化性心脏病患者的健康。专家解释说，胆固醇斑块的形成和增大，是造成冠状动脉管腔狭窄甚至发生阻塞的主要因素。新鲜黑葡萄和绿葡萄中含有一种能保护心脏的黄酮类物质和能遏制恶性肿瘤形成的抗癌物质。黄酮类物质能"清洗"血液和阻断胆固醇斑块的形成。而葡萄表皮颜色越呈黑色，含黄酮类物质就越多，对保护心脏作用更好。

肝容易出现问题的人适量吃点葡萄。因为葡萄中含有的天然生物活性物质、葡萄糖及多种维生素和纤维素，对保护肝脏、减轻腹水和下肢浮肿的效果非常明显，还能提高血浆白蛋白，降低转氨酶，对肝脏不好甚至肝炎患者十分有益；葡萄中的果酸还能帮助消化、增加食欲，防止肝炎后脂肪肝的发生；葡萄干是肝炎患者补充铁的重要来源；用葡萄根 100～150 g 煎水服下，对黄疸型肝炎也有一定辅助疗效。

葡萄中含的类黄酮是一种强力抗氧化剂，可抗衰老，是天然的自由基清除剂，可以有效地调整肝脏细胞的功能，抵御或减少自由基对它们的伤害。

科学家研究还发现，葡萄能比阿司匹林更好地阻止血栓形成，并且能降低人体血清胆固醇水平，降低血小板的凝聚力，对预防心脑血管病有一定作用。

葡萄中的葡萄糖、有机酸、氨基酸、维生素对大脑神经有兴奋作用，常食之对神经衰弱者和过度疲劳者也有益处。

长期吸烟者可多吃葡萄，葡萄既可帮助肺部细胞排毒，又具有祛痰作用，可缓解吸烟引起的呼吸道发炎、痒痛等症状。

而葡萄汁对体弱的病人、血管硬化和肾炎病人的康复有辅助疗效。其可以帮助器官植手术患者减少排异反应，促进早日康复。

直接饮用葡萄汁还有抗病毒的作用。

想保持身材健美的人们应知晓的是，葡萄是吃了不容易发胖的水果。墨西哥医学专家发现，女性每天食用十来颗含有大量维生素的新鲜黑葡萄或绿葡萄，既能达到减肥目的，又有益于心血管健康。

第十三章　大泽山葡萄及标准化栽培管理技术

第一节　大泽山葡萄

大泽山原产野生葡萄属三大种群中的东方种群(欧亚种群)品质优良,决定了在葡萄栽培中的统治地位。大泽山地区所种植的葡萄多属欧亚种群。据史料记载,大泽山葡萄种植有 2 100 多年的历史。从唐太宗曾给赐名"狮子眼"开始,《平度州志》记载:大泽山葡萄一直是中国皇家贡品,清朝康熙五年(1666 年)已把葡萄列为当地主要物产之一,距今已有 343 年;光绪三十四年(1908 年)《平度州乡土志》载:"葡萄出东山,为天然产";"民国"二十五年(1936 年)《续平度县志》载:"果之物,葡萄最多,岁运出境,'穷氓'赖此度生"。大泽山地区最盛时期"龙眼"葡萄栽培面积达到了 5 000 亩;后因战争摧残,加上病虫害危害严重,收入低微等原因被砍伐,到新中国成立前大泽山仅残留不足 2 000 亩"龙眼"葡萄品种。新中国成立后,平度历任党委、政府特别重视葡萄生产的发展,1958 年平度县委、县政府把大泽山、大田列为果品生产基地,重点发展葡萄、苹果生产。同年,大泽山葡萄被山东省列为八大名产水果之一,年出口香港、澳门等地区葡萄 15 万～25 万 kg。60 年代初,平度市园艺专家邵纪远、周君敏夫妇(高级农艺师)用"龙眼"和"玫瑰香"做亲本进行杂交育种,开始培育"泽山 1 号"、"泽山 2 号"、"泽山 3 号"、"泽山 4 号"四个葡萄姊妹系新品种,并在大泽山镇三山东头村建起了国内最大的自主培育的葡萄品种试验园,带动了大泽山葡萄苗木市场，涌现了农科园艺场、江北葡萄研究所等苗木繁育大户。据统计，大泽山地区通过扦插、嫁接等技术手段，每年向全国葡萄产地提供优质葡萄种苗 1 000 万株以上。“泽山 1 号”、“泽山 2 号”即“泽玉”、“泽香”的成功培育，与“玫瑰香”、“巨峰”一起被当地农民大量栽种，代替了当时种植面积最大的“龙眼”（狮子眼）葡萄品种，成为大泽山葡萄的主栽品种，占到全市葡萄栽培面积的 80％以上，并带动了葡萄的产量和品质的极大提高。

1978 年三中全会后，党在农村政策的改变，调动了农民种植葡萄的积极性，平度市葡萄种植面积达到了 3.5 万亩，占全市果园总面积的 25.5％；随着全国酿酒葡萄产业升温，国内知名大型企业葡萄酒厂纷纷前来大泽山建立基地；1980 年华东葡萄酒有限公司用大泽山葡萄酿制的莎当妮干白葡萄酒在法国波尔多国际大奖赛上，获得按单品种、年份造酒第一块奖牌，被伦敦酒协会主席盖尔莱特誉之为“中国最好的干白葡萄酒”，带动了酿酒葡萄产业的大规模发展。但由于种植的面积过大，引进的酿酒葡萄品种不够理想，重栽轻管，病害严重，葡萄酒销路不畅等，造成新植酿酒葡萄园大部分被伐，小部分被改接为鲜食品种，而表现优良的品种，如“意斯林”、“莎当妮”、“赤霞珠”等，被广泛栽培。

1987 年平度市委、市政府下发文件，实施大泽山葡萄产业化规划，计划到 2015 年在大泽山及周边乡镇发展葡萄面积 20 万亩。由于各级领导重视，措施组织得力，当年新发展葡萄 3 万余亩，全市葡萄总面积达到了 6.5 万亩，产量 3 800 t；带动了大泽山葡萄产业的快速发展。同年 10 月 1 日，由青岛、平度市政府主办，大泽山镇政府承办，在平度会堂、大泽山镇驻地连续举办大泽山葡萄节，年接待参观旅游者 30 万人次，葡萄的销售价格越来越好，老百姓的收入和大泽山葡萄的知名度也越来越高。

1990 年葡萄销售价格开始回升，部分被砍伐的葡萄园开始重建，全市葡萄面积达到了 8.7 万亩，产量 5 000 万 kg。从国外引进的“矢富萝沙”、“红提”、“黑提”、“藤稔”、“金手指”、“美人指”、“黄金指”、“摩尔多瓦”、“维多利亚”、“意大利”、“贵妃玫瑰”、“乍娜”和众多“优系无核”等成为发展的热门品种。由于品种适应性的差异，以及管理技术掌握不够，造成产量不够稳定，大部分品种被伐。而“金手指”、“摩尔多瓦”、“维多利亚”、“乍娜”、“秋黑”等品种，适合当地栽培得到了推广，成为继“玫瑰香”、“泽香”、“巨峰”后的主栽品种。

1995 年全市葡萄面积达到了 9.2 万亩，产量 5 300 万 kg；大泽山镇在全国“百家特产”评选中，被评为唯一的“中国葡萄之乡”，重新引起了大泽山葡萄发展的热潮。著名诗人贺敬之题词：“宝石异域，葡萄仙乡”，原全国人大常委会副委员长王光英题词：“西有吐鲁番，东有大泽山”。

1996 年，大泽山地区先后建起了葡萄保护地栽培试验、示范基地、名优葡萄品种示范基地，负责新品种的引进、试验、示范与推广。

1999 年，大泽山“玫瑰香”、“泽香”葡萄在昆明世界博览会上获得金奖；大泽山葡萄以原平度市供销社果品公司注册的“泽山牌”商标为基础，完备了“大泽山”牌商标产权，使“玫瑰香”、“泽香”、“巨峰”、“兴华一号”等鲜食葡萄进入了国内大、中型超市。

2000 年全市葡萄栽培面积达到了 10.4 万亩，产量 6 000 万 kg；由于推广了测土配方施肥、平衡施肥技术，加上套袋技术的大面积推广应用，病虫害减少，葡萄质量大幅度提升。同年，“大泽山”牌 7 个葡萄品种，在世博会优质果品系列评选中获得优质葡萄金奖、优质葡萄奖。

2005 年底全市葡萄栽培面积达到了 11.7 万亩，产量 8 000 万 kg；并规划筹建大泽山“五龙埠”葡萄生态园和 3 000 m 葡萄长廊，以及“天池岭”、“芝莱山”葡萄观光园，使大泽山形成一定规模的葡萄旅游观光区，吸引不同地区、国家的游客前来观光旅游，享受大泽山葡萄的美景、风味及众多的葡萄美酒；同年 8 月获得国家农业部颁发的无公害葡萄基地认证证书，11 月获得中国绿色食品发展中心颁发的绿色食品认证，被确定为绿色 A 级产品。

2006 年大泽山葡萄先后获得了青岛市名优农产品、青岛市著名商标、山东省名优产品、山东省著名商标。

2008 年，平度市被国家葡萄产业技术体系确定为示范县，全国葡萄栽培优势区域；中央财政投资建设国家级标准葡萄园 2 000 亩；葡萄种植户投资建设中、小型恒温库 180 余座，微型冷库 800 余座，年储存保鲜葡萄达到了 5 000 万 kg；大泽山葡萄通过了国家地理标志保护产品认证和地理证明商标认证。

2009 年 8 月大泽山镇被中国农学会葡萄分会评为"中国鲜食葡萄第一镇"；同年，高氏葡萄庄园、金手指大观园等栽植的 5 000 亩"玫瑰香"、"泽香"、"金手指"绿色生态葡萄园，获得了国家有机葡萄产品认证。

2010 年全市葡萄栽培面积达到了 12 万亩，产量 1.2 亿 kg。全部达到了国家规定的无公害葡萄园标准。其中绿色葡萄认证 8 万亩，有机葡萄园 1 万亩，建设国家级标准葡萄园 2 个，拥有"五龙埠"、"天池岭"葡萄观光园，芝莱山"金手指"葡萄大观园，高氏葡萄庄园等，具有民俗特色的葡萄观光、旅游、采摘、品赏于一体的葡萄休闲、娱乐场所和农家宴，年接待各地来客 30 万人次。

第二节　大泽山物候期及葡萄品质指标

一、生长发育物候期

大泽山地区葡萄 4 月 10 日前后芽萌动；4 月下旬至 5 月上旬显花期；5 月下旬至 6 月上旬坐果期；6 月下旬至 7 月上旬果穗及

果粒膨大期。早熟品种 7 月中旬着色,下旬成熟采收;中熟品种 8 月上旬着色,中下旬成熟采收;晚熟品种 9 月上旬着色,中下旬成熟采收;极晚熟品种 10 月上旬成熟采收。10 月下旬落叶,11 月份进入休眠期,直至来年 4 月上旬。

二、果穗果粒标准

果穗整齐一致、中等大小;果粒匀称较大,充分发育成熟,具有典型的色泽。红色品种:果皮艳红至紫红,如京秀、红地球等;紫黑色品种:玫瑰香、巨峰等;黑色品种:摩尔多瓦、京亚等;白色品种:马奶、泽香、维多利亚等,表皮呈黄绿色或乳黄色。

三、果粒含糖量和糖酸比

鲜食葡萄浆果可溶性固形物(折光糖度)达到 15%~18%,可滴定酸度 0.5%~0.7%,糖酸比 25~35。果实含芳香物质,玫瑰香具有浓郁的玫瑰香味,欧洲品种为淡清香味,美洲及欧美杂交种有不同程度的草莓香味。

第三节　大泽山葡萄土肥水管理

一、深翻扩穴,疏松土壤

结合土壤管理,全园深翻 20~30 cm 或挖宽 80~100 cm、深 50~70 cm 沟施基肥。

二、施肥

基肥施用时期与方法:果实采收后施基肥,以有机肥为主,并与磷钾肥混合施用。施基肥的方法,采取沟施、扩穴施、全园翻耕等方法。

追肥的时期与方法：萌芽前追肥以氮、磷为主，果实膨大期和转色期以磷、钾肥为主。第1次为芽前追肥，肥料以尿素、硫酸铵等速效氮肥为主，施肥量占全年氮肥量的50%。方法是在离植株30～40 cm处，挖10～15 cm深的窄沟，施入肥料后覆土、浇水；第2次为幼果期追肥，在6月中下旬幼果膨大期追肥，以速效氮肥为主，并结合施入少量磷、钾肥；第3次为灌浆肥，于7月中下旬葡萄成熟前，追施草木灰、过磷酸钙、硫酸钾等肥。

三、灌溉时期与次数

葡萄萌芽前和开花前7～10 d，是两次关键的浇水期。开花前要控制水分；落花后7～10 d，是第3次关键时期；浆果生长期间，保持土壤适宜湿度。

采收后至落叶前，可结合秋施基肥进行灌水。葡萄园年周期需水和控水特点为：灌（萌芽前—开花前）——控（花期）——灌（浆果生长期）——控（浆果成熟期）——灌（采收后，封冻前）的过程。灌水方法采用沟灌、畦灌、管灌、滴灌，不提倡大水漫灌。水源缺乏的山地，采用穴灌加覆膜以节约用水量。

第四节　大泽山葡萄整形修剪

一、栽培模式

篱架栽培：株行距（1.8～2） m×（0.8～1） m，即每亩栽植330～440株；棚架栽培：株行距（4～5） m×（0.8～1） m，即每亩栽植160～200株。

二、修剪留枝量

篱架采用扇形修剪；棚架采用龙干整枝为主。冬季修剪，以中短梢为主，每亩母枝量控制在 1 600～1 800 条，篱架架面 8～10 个/m^2，棚架架面 6～8 个/m^2；肥沃土壤及大叶品种，每平方米架面留 8～12 个新梢，山地及小叶片品种，每平方米架面留 12～16 个新梢。生长季节，每亩新梢控制在 4 000 条左右，果穗 2 500～3 500 个，产量控制在 1 500～2 000 kg 之间。营养枝与结果枝比 1∶4，叶果穗比(30～40)∶1，叶果粒比 1∶1.5。

冬季修剪主要通过短截、疏枝、缩剪，选留优质的结果母蔓及合理剪留结果母蔓的长度。水平形和龙干形留枝可连年短截；扇形整枝可长、中、短梢相结合；棚架采用中、长梢和极长梢为主，结合短梢的修剪法；立架采用长、中、短混合修剪；注意平衡树势和更新修剪。

夏季修剪主要做好抹芽、定梢、新梢摘心和副梢处理及枝蔓绑缚，合理布局架面，培养早期结果和优质丰产的树体结构。

第五节　大泽山葡萄花果管理

一、疏花序、留果穗

在坐果多的情况下，要适当多疏除部分花序；果穗留量按叶果比确定，单穗重 500 g 以上的要求叶果穗比(30～50)∶1；250 g 以上的果穗叶果比(20～30)∶1。也可根据新梢的粗度确定留穗量，直径在 1 cm 的粗壮新梢可留两穗果，直径在 0.7 cm 左右的留一穗果，细弱的新梢不留果穗。

二、去副穗、掐穗尖

坐果稀疏或易落花落粒的品种，开花前去副穗、掐穗尖(去除 1/5～1/4)以提高葡萄坐果率和内在品质；坐果率高的品种于谢花后 1 周内去除副穗、掐去穗尖 1/5 以维持合理产量。

三、果穗整理

在生理落果后，果粒数基本稳定时进行，主要剪除过小、过密的果粒，使之分布均匀，发育匀称。

除卷须与摘老叶。随着摘心、绑蔓、去副梢时去除卷须。葡萄着色后，摘除部分果穗附近已老化的叶片，改善果穗的通风透光条件，促进果粒着色，减少病毒，提高浆果质量。

适时采收。要严格按品种的成熟期和用途，适时采收。

第六节　大泽山葡萄病虫害防治

一、农业防治措施

采用休眠期剪除病虫枝、清除枯枝落叶、刮除树干翘裂皮、翻树盘等；果穗套袋在生理落果结束后（花后 15～25 d），即果粒大小如黄豆大小时进行，套袋前先在果穗上喷一次杀菌剂（戴唑霉或纳米欣），待药液干后即可开始套袋。

二、药物防治措施

芽萌动前喷 3～5 波美度石硫合剂或 80 倍索利巴尔，可铲除越冬病原菌和越冬害虫。

萌芽后至开花前，主要防治黑痘病、霜霉病、炭疽病、锈病、毛毡病及绿盲蝽等病虫害。可选用纳米欣（70％甲基硫菌灵、新加坡利农进口）1 000～1 200 倍＋0.3 印楝素乳油 1 000 倍或允美（25％吡虫啉）1 000～1 500 倍，50％霉能灵 1 200 倍或稳歼菌 8 000～10 000 倍＋允乐（40％台湾进口毒死蜱）1 500 倍（适于白粉病、黑痘病、绿盲蝽等发生严重园区），80％必备 400 倍或 1：(0.5～0.7)的 240 倍波尔多液（适于冬季雨雪较多年份）。

花序分离期，主要防治灰霉病、穗轴褐枯病、黑痘病、霜霉病、炭疽病及绿盲蝽、斑衣蜡蝉、蓟马等害虫。可选用78%科博600～800倍或12.5%烯唑醇（禾果利）4 000倍或70%纳米欣1 000～1 200倍或50%多菌灵原粉600倍，或25%戴唑霉1 500倍或霉能灵+0.3%印楝素乳油1 000倍，或允美（25%吡虫啉）1 000～1 500倍+20.5%速乐硼1 500倍。

开花前（1～2 d）防治重点为灰霉病、穗轴褐枯病、黑痘病，同时防治霜霉病、炭疽病、锈病和绿盲蝽、金龟子等虫害。可选用50%多菌灵原粉600倍或70%纳米欣1 000～1 200倍+20%保丰保收3 000倍，或0.3印楝素乳油1 000倍或允美（25%吡虫啉）1 000～1 500倍+硼肥。雨水较多的年份可选用80%喷克800倍+10%宝丽安1 000倍，或70%纳米欣1 000～1 200倍+上述杀虫剂+硼肥。

落花后防治对象与花前基本相同，但此期是防治病害最关键时期，应使用防治效果好、杀菌谱广的杀菌剂。可选用78%科博700倍+硼肥+10%歼灭3 000倍或0.3%印楝素乳油1 000倍，稳歼菌8 000倍+喷克800倍+40%嘧霉胺1 000倍。花期雨水较多的年份可选用78%科博800倍+70%纳米欣1 000～1 200倍+硼肥+杀虫剂。

小幼果期防治对象与落花后相似。一般7～12 d使用一次药剂。可选用科博700倍1～2次，1∶（0.5～0.7）的200倍波尔多液1～2次；如果黑痘病发生，用内吸剂戴唑霉或霉能灵或纳米欣或多菌灵防治；如果霜霉病发生，用80%必备4 000倍防治。套袋前可选用25%戴唑霉1 250倍液蘸果穗或全树喷70%纳米欣1 000～1 200倍。对红蜘蛛等害虫可选用50%四螨嗪1 800倍与0.3%印楝素乳油1 000倍与辛硫磷等混用。

大幼果期防治对象为霜霉病、炭疽病、白腐病、房枯病等，注意保护剂与内吸剂交替使用。但7月20日左右是霜霉病的发生高峰,可选用喷克、乙膦铝、金雷(68%精甲霜灵代森锰锌)、非常好(25%己唑醇悬浮液)、70%纳米欣1 000～1 200倍、统福(80%代森锌可湿性粉剂)、石高(10%苯醚甲环唑)等杀菌剂。

封穗期主要防治酸腐病、霜霉病、炭疽病、白腐病等。用80%必备4 000倍+0.3%印楝素乳油1 000倍或50%辛硫磷1 500倍或50%杀螟硫磷1 500倍或10%歼灭1 500倍。

着色期除防治炭疽病、白腐病、褐斑病、霜霉病外,此期是防治灰霉病和酸腐病的关键期。炭疽病发生严重的地块可选用戴唑霉或纳米欣;灰霉病发生严重的地块,用1次戴唑霉或嘧霉胺;酸腐病发生严重的地块,用1次必备+歼灭;对于各种果实病害发生较严重的地块,用戴唑霉喷果穗,之后再使用必备+歼灭。

成熟期主要防治灰霉病、霜霉病、炭疽病、褐斑病等,雨水较少的年份用一次杀菌剂,雨水较多的年份用2次药剂。但应以残留量少的保护剂为主,如喷富露、戴唑霉。必须严格注意农药的安全间隔期,采收前10 d禁止用药。套袋果摘袋之后禁止用药。

采收后到落叶前主要防治霜霉病、褐斑病等。以铜制剂为主,如波尔多液、必备,防治早期落叶,增加营养积累,减少越冬菌源。

附录　大泽山葡萄论文选编

附录 1　种质资源的选择方法*

大泽山实施葡萄产业化后，我们对现有葡萄品种进行了大范围调查，系统地摸清了现有葡萄种质资源，并依据引进繁育品种的先后顺序，详细记载了葡萄品种名称，引进繁育的地区、时间、生物学、形态学特征，生长物候期和结实产量情况，对表现优良、综合性状好的品种，进行不同形式的栽培试验，经观察、选优，对适合本地气候条件，表现产量高、质量好的 20 个品种进行了嫁接繁育。

(1)选择大粒、着色齐、品质好、丰产、抗病、耐储运的晚熟鲜食葡萄品种，进行远距离销售和秋延迟栽培。生产中表现较好的有红地球、红意大利、泽香、泽玉等。

(2)选择大粒、丰产、品质好、抗病、味甜的无核的鲜食葡萄品种，进行栽培试验。生产中表现较好的有奇妙无核、鲁贝无核、金星无核、8612 等。

(3)选择丰产、品质优良的抗寒葡萄品种。欧亚品种普遍抗寒性差，当温度下降到－17℃时，就不同程度地遭受冻害，埋土防寒又存在好多问题，如伤芽、折枝、非工时等。生产中表现较好的有巨峰、泽香、泽玉等。

(4)选择抗病、优质、丰产的品种。葡萄栽培上真菌病害是一个很严重的问题，栽培上引进抗病品种应引起充分重视。生产中

---

* 引自中外葡萄与葡萄酒，2001，3.

表现较好的有巨峰、红意大利、8612、奇妙无核、鲁贝无核、金星无核等。

(5)选择粒大、色好、品质优的耐储运的极晚熟葡萄品种进行秋延迟栽培。生产中表现较好的有红地球、秋黑、高妻、泽香、泽玉等。

(6)苗木繁育。山东省鲜食葡萄研究所(平度大泽山农科园艺场)平均年繁育葡萄苗木1 200万株以上。多为稀有新品种,嫁接苗占80%;繁育的葡萄苗木除少量本地区种植外,大部分销往全国各葡萄种植区。其中新疆地区新发展葡萄园95%以上的苗木来源于大泽山地区。

引进、培育嫁接砧木"贝达"、"SO_4"等抗性品种;建立母本砧木园,嫁接繁育"金手指"等国内外引进的稀有新品种。

销售苗木严格按产地检疫,建立消毒制度,确保苗木质量。

附录2 大泽山地区葡萄种植结构*

一、种植区域化

以大泽山镇为主辐射周边区域的鲜食葡萄栽培区,主要包括大泽山、店子、长乐、大田等镇;以马戈庄镇为主辐射周边区域的酿造葡萄栽培区,主要包括马戈庄镇、明村镇、白埠镇、张舍镇。

二、品种多元化

经过多年的培育和发展,玫瑰香、泽香、巨峰、乍娜、金手指等优良品种成为鲜食葡萄的主要品种;赤霞珠、品丽珠、蛇龙珠、薏丝琳成为酿酒葡萄的主要品种;优良品种栽培面积占葡萄总面积

* 引自中外葡萄与葡萄酒,2006,4.

90%以上。鲜食品种主要有玫瑰香、泽香、巨峰、乍娜、维多利亚、金手指、摩尔多瓦等品种;酿酒品种主要有赤霞珠、梅鹿辄、西拉、蛇龙珠、品丽珠、北醇等品种;制汁品种主要有康拜尔早生、柔丁香等;砧木资源主要有贝达、5BB、山河1号等。形成了早、中、晚熟品种相结合,有核、无核品种相结合,鲜食、酿造品种相结合,露天栽培、保护栽培相结合的栽培结构。较好地满足了市场不同消费层次、不同消费时间的需求。

三、栽培良种化

经过多年的发展,玫瑰香、泽香、巨峰、乍娜、金手指等优良品种成为鲜食葡萄的主要品种,栽培面积占葡萄总面积80%以上。赤霞珠、品丽珠、蛇龙珠、意斯林等优质酿造品种,栽培面积占酿造葡萄总面积90%以上。全市葡萄品种结构从鲜食到酿造,从大粒到无核,从早熟、中熟到晚熟品种,良种率均达到95%以上。大泽山盛产的泽香、泽玉、玫瑰香、金手指等品种多次在全国性农业博览会获奖,使大泽山葡萄声名远播。

四、经营产业化

无论是鲜食葡萄还是酿造葡萄,都基本实现产业化经营。平度现有葡萄酒生产企业46家,其中年加工能力500 t以上的主要有青岛泽山葡萄酿酒有限公司、青岛博纳葡萄酒庄园有限公司、青岛狮王葡萄酿酒有限公司、中意合资萨拉莫世家葡萄酿酒有限公司、青岛爱迪尔葡萄酿酒有限公司等8家企业。多数企业建立了葡萄生产基地,企业与农户之间采取“公司+基地+农户”的模式,建立起稳定的产销关系。烟台张裕葡萄酒公司、青岛华东葡萄酒公司等知名葡萄酒生产企业也在我市建立了生产基地。在鲜食葡萄产业化发展方面,大泽山等镇成立了葡萄协会、葡萄专业合作社,葡萄销售由协会、合作社负责,统一设计包装、统一销售价格、统一市场管理、统一组织打假，形成生产、销售一条龙服务的产业化格局。

五、产品标准化

坚持以市场为导向，加大科技投入和新品种、新技术引进力度，积极实施标准化生产，使大泽山葡萄产业的整体素质和产品质量得到了迅速提升。目前，大泽山葡萄标准化生产基地通过省以上认证的无公害基地面积达到 3 万亩、绿色基地面积达到 2.4 万亩、有机葡萄基地 5 000 亩，较好地推动了葡萄产业由粗放型向效益型、标准化生产转变。

附录3　大泽山地区玫瑰香葡萄*

大泽山地区独特的小气候环境，东西走向的山脉，阻挡了冬季的寒流，形成了一道天然的屏障，使发展玫瑰香葡萄的理想产地；全年 10℃及 10℃以上有效积温达 4 500℃，春季回暖早，4～6 月份总积温高于镇外 200℃以上；夏、秋季雨量略多，但阴雨连绵天气少，只要搞好葡萄套袋和病虫害防治，玫瑰香葡萄基本不受灾害；冬季无严寒，栽植的玫瑰香葡萄不用埋土防寒即可安全越冬。

大泽山区域内山多地少，葡萄种植在群山环抱的山谷地带，独特的地理位置和小气候环境，农民素有种植和管理葡萄的习惯与经验，特别是玫瑰香成熟期间雨量相对较少，比较干旱，日照时数高，对糖分的积累十分有利；此外，海拔较高，地势干燥，空气清新，植被率较高，土壤含矿物质多，温、湿度适宜，葡萄能充分成熟，且粒大、色艳、皮薄、汁多，味醇，含多种维生素。“玫瑰香”作为大泽山地区当家品种，栽培面积将不断扩大，管理措施将进一步加大。

---

* 引自山西果树，2011，4.

具体措施如下：

一、实施节水灌溉和葡萄园生草、覆草制度

根据山区葡萄园的特点，改变传统的大水漫灌的习惯和方式，采用喷、滴技术，节约水源；利用生草技术增肥保水，提高土壤有机质含量，降低葡萄园潮湿环境，减少病虫害发生率，促进玫瑰香葡萄生长健壮，发育良好。

二、有机肥进行无害化处理及配方平衡施肥

由于玫瑰香葡萄价格攀升较大，农民施用农家肥量也进一步加大，因此，对所施用的农家肥先进行无害化处理，包括高温发酵、配施生物菌种等；并选择经过无害化处理的商品肥料，根据需肥规律和需肥关键时期，通过测土配方平衡施肥，做到缺什么补什么，生产高档玫瑰香葡萄产品。

三、按照绿色食品标准选择使用杀虫、杀菌农药

玫瑰香葡萄在避雨栽培的条件下，由于病害降低，可适当减少或降低用药次数、浓度；重点推广应用生物、植物、矿物源农药，严禁使用高毒、高残留农药，达到食品公共安全，生态环境保护与污染治理同步进行，实现人类的健康与文明。

四、安装避雨、防鸟设施

在玫瑰香葡萄架上搭建防雨设施，实施避雨栽培，以减少病害侵染和防止裂粒；在葡萄着色后架设防鸟网，防止葡萄粒被鸟损坏，确保优质丰收。

五、疏穗、疏粒、套袋

通过疏除小穗、穗肩以及小粒和发育不健全粒，达到穗粒整

齐；推广全园套袋技术，减轻病害，提高玫瑰香葡萄的内在和外观质量，获得较高经济效益。

采后的玫瑰香葡萄经分级，进行小包装处理，以获得较高价位，增加经济效益。

附录4　大泽山葡萄及栽培技术*

大泽山镇是我国唯一“葡萄之乡”，现有栽培面积 2 070 hm^2，其中鲜食葡萄 1 870 hm^2，年产葡萄 5 000 万 kg，产值 1.28 亿元，占农业总收入的 18.3%。加入 WTO 后，大泽山葡萄作为很有地方特色的经济作物，应充分开发利用，建设中国鲜食葡萄生产基地。

一、葡萄资源丰富，区域优势明显，配套设施合理

近几年，大泽山葡萄在保持了适度规模的同时，注重了新品种的培育和引进。老葡萄品种嫁接改造，以矢富罗莎、红双味、乍娜等为代表的极早熟，玫瑰香、泽香、巨峰为代表的中晚熟，红地球、红意大利为代表的极晚熟，鲁贝无核、奇妙无核为代表的优系无核，使大泽山葡萄栽培结构进一步优化。

大泽山现有葡萄栽培品种 300 多个，其中有十几个被广泛栽培。有独特的小气候条件，全年 10℃ 及 10℃ 以上有效积温 4 500℃，春季回暖早，4～6 月份总积温高于镇外 200℃ 以上；夏季雨量略多，阴雨连绵天气少，只要搞好病虫防治，葡萄不会受灾；冬季无酷寒，不用埋土，葡萄可安全越冬。此外，大泽山海拔较高，地势干燥，处在全市两大水系的源头，水质无污染，周围无工厂，空气清新，植被覆盖率高，土壤含矿物质多，温、湿度适宜，各种葡萄能

* 引自中外葡萄与葡萄酒，2002，3.

充分成熟。同时,大泽山技术力量雄厚,农民有种植葡萄的习惯和经验,山多地少,劳动力资源丰富,为多样性栽培鲜食葡萄品种的首选产区。

设施栽培和贮藏保鲜技术是葡萄栽培体系的完善和提高,也是葡萄产区对品种、质量、消费水平、贮运加工能力、如何适应市场应把握的重点。葡萄产业化后,产品往往因集中上市,而造成低价销售、供应周期短、回报率低等问题。采用冬暖式、春暖式大棚及秋延迟栽培等设施栽培技术,较好地解决了葡萄发展中所加剧的新矛盾,用市场调节栽培结构,取得了较高的经济效益。据调查:大泽山现有各类葡萄栽培大棚 150 个,贮存保鲜冷库 103 座,淡季销售葡萄 300 万 kg。

二、葡萄栽培技术

(1)合理密植。大泽山葡萄栽培的科学指标是根据产地条件和品种特性而建立的,篱架(1.8～2.0) m×(0.8～1) m,每亩栽 330～440 株;棚架(4～5) m×(0.8～1) m,每亩栽 160～200 株。

(2)精细修剪。篱架采用单株双臂或扇形整枝;棚架采用独龙干整枝,冬季修剪以中短梢为主,每亩母枝量控制在 1 600～1 800 条;生长季节新梢控制在 4 000 条左右,合理布局架面,培养早期结果和优质丰产树体结构。

(3)科学花果管理。盛果期葡萄果穗一般控制在每亩 3 500～4 000 穗之间,开花前摘除 1/5～1/4 的穗尖,并剪除分散、过长的穗肩、穗轴,花后 1 周整理穗形、疏果,按叶果比(10～15)∶1 留足果穗。

(4)测土配方施肥。葡萄属高磷钾果树,花前增施磷钾可促进花芽分化,防止落花、落果,促进果粒着色,掌握氮磷钾比为 1∶(0.5～0.7)∶1、碳氮比 4.0∶1 最利葡萄生长发育。基肥在 9 月下旬、10 月上旬葡萄采收后施入,挖深 40～60 cm、宽 30～40 cm

沟，每亩施优质土杂肥 4 000～5 000 kg；生长季节结合浇水追 2～3 次速效肥，每隔 10～15 d 喷 1 遍叶面肥，以补充各类营养。同时，根据土壤墒情和葡萄需水期，浇好封冻水、花前水、坐果后果实膨大期水，确保葡萄安全越冬和产量、质量的提高。

(5)综合病虫防治。葡萄发芽前喷 3～5 波美度石硫合剂，铲除越冬病虫害，展叶后喷 78%科博 500 倍液，6～7 月份喷 2～3 遍半量式 200 倍波尔多液或 70%甲基托布津 800 倍液；开花前后喷 78%科博 500 倍液或 70%甲基托布津 800 倍液混高渗灭杀净 1 500 倍液；果实成熟前选用百菌清或福美双 800 倍液、多菌灵 500 倍液交替使用，霜霉病重园喷杜邦克露或甲霜灵 800～1 000 倍液，可达到防治效果。

三、对葡萄发展的思考

(1)我国五大葡萄产区大部分在黄河以北，但著名葡萄产区只有大泽山和吐鲁番，一个在祖国东部，一个西部，两地都有极其特殊的小气候环境，吐鲁番葡萄栽培在火焰山地带，大泽山葡萄栽培在群山环抱的山谷地带，生产的优质葡萄干和鲜食葡萄备受青睐，作为有地方特色的果树，应加速发展。

(2)认为市场上什么品种价格高和什么是新品种就发展什么，往往不大可靠，因为，一时的价格代表不了长期的价格，新品种不一定市场都好，盲目、不科学的发展，导致大栽大刨。应引进、选育适合当地栽培的品种，大泽山培育的泽香葡萄就很有地方特色，产量高，质量好，发展较快，经济效益较高。

(3)按照市场经济规律发展葡萄产业。首先，要提高产品质量，从穗形、果粒大小、色泽、果面洁净美观、无污染、残毒等方面研究栽培技术；其次，从产品的分级包装、运输方面研究营销策略；第三，以销售定发展，建立产地批发市场，在全国大中城市建立销售网络；第四，注册商标，逐步把社会产品转化为商标产品。

附录5　提高鲜食葡萄商品率的措施与栽培技术*

摘要:大泽山葡萄是我市最具地方特色的经济作物,栽培面积7 800 hm^2,其中鲜食品种5 616 hm^2,占葡萄栽培面积的72%;“玫瑰香”、“泽香”栽培面积4 212 hm^2,占鲜食品种的75%,是当地主栽品种,并多次被评为全国优质鲜食葡萄产品。

关键词:鲜食葡萄　商品率　栽培技术

全国鲜食葡萄的栽培,“巨峰”面积最大,而长期被人们喜欢、品质最优的“玫瑰香”、“泽香”葡萄,因粒小、耐运性差,受到某些新品种的冲击,栽培面积正逐渐减少。同时,由于普遍推广篱架栽培,产量提高了,但质量下降较大,造成“玫瑰香”、“泽香”葡萄的商品率差、经济效益低。近几年,我们从葡萄园的管理入手,采取小棚架栽培,合理整形修剪,减少负载量和果穗套袋等措施,使葡萄产品的外观、内在质量有了较大的提高,销售价格不断攀升,收入进一步提高。据大泽山、店子等镇葡萄园调查:每亩“玫瑰香”控制在1 500 kg左右,“泽香”控制在3 000 kg以内,可获得较高收入。见表1。

表1　三年生葡萄价格、产值、纯收入表(2003年)

品种	产量(kg/亩)	价格(元/kg)	产值(元/亩)	纯收入(元/亩)
玫瑰香	1 725.4	1.6	2 768.6	2 268.6
泽香	2 876.9	1.2	3 452.5	2 752.3

一、强化管理,把生产优质葡萄作为栽培技术的重点

通过对现有葡萄园的土壤改良,增施有机肥,使土壤活土层增

* 引自中外葡萄与葡萄酒,2003,3.

加到 40～60 cm，有机质含量提高到 1.5%左右。并根据葡萄生长发育的需肥规律，掌握以基肥为主，追肥为辅，磷肥为主，氮肥为辅的原则。秋季每亩施充分腐熟的有机肥 3 000～4 000 kg，以堆肥、沤肥、厩肥、绿肥、作物秸秆为主，混施 N、P、K 各含 15%的复合肥 100～150 kg，并配合微量元素的使用；春季萌芽前每亩追施 20 kg 尿素，促发萌芽整齐；坐果后追施 20 kg 磷酸二铵，促使果粒膨大；着色期追施 30 kg 钾肥，促进果粒着色和含糖量提高，采收后至落叶前叶面喷 0.2%的尿素＋0.5%磷酸二氢钾 1～2 次，促进枝条成熟、芽眼饱满。瘠薄土壤的葡萄园，要求每 10 d 左右喷一次叶面肥，延缓衰老，提高光合能力，增加树体储备营养。据调查：亩产出葡萄 1 500～3 000 kg 的果园，以每生产 100 kg 葡萄，施入纯 N 5.07 kg、P 4.53 kg、K 5.27 kg；同时，抓好萌芽前、果实膨大期、封冻前三遍关键水。由于对“玫瑰香”、“泽香”葡萄，采取了科学的管理和合理的投入，使之外观、内在质量有了较大的提高，2002 年大泽山镇东五甲村丘陵上栽培的 25 亩葡萄，取得了亩平均 4 260 元的收入。见表 2。

表 2　盛果期“泽香”葡萄投入产出调查表

立地条件	栽植密度（m×m）	产量（kg/亩）	投入（元/亩）	收入（元/亩）
山地棕壤	1.8×0.8	3 158	518.6	4 260

二、以目标产量确定留枝留穗总量

根据栽培架式、树龄、管理等技术指标，合理确定结果母枝的留量，保持旺盛的树势，培养丰产优质的树体结构。篱架栽培：采用自然扇形或单干双臂，幼树以短梢为主，配合中长梢修剪，加速扩大结果部位；盛果期后留 2～4 节短梢修剪，重缩弱枝，在基部 1～2 个芽子不留花序培养预备更新枝，防止枝组的老化和结果部位外移。按照 1 m^2 架面留 8～10 个新梢，长度少于 40 cm 不留花序，40～70 cm 留一个花序，果穗控制在 3 500～4 000 穗之间；花前 10 d 摘除 1/4 穗尖，花后 2 周疏除多余花序，按叶果比（10～15）∶1 留穗；棚架栽培：采用独龙干整形，以极短梢修剪为主，合理布局架面，按照盛果期每平方米架面留 10～12 个新梢，70 cm 以上留 1～2 个花序，果穗控制在 4 000～5 000 穗之间，花期摘除 1/5 穗尖、按叶果比 15∶1 留果穗；果穗以上留 7～10 片叶摘心、副稍留 1～2 片叶反复摘心，果穗以下副梢全部抹去；并及早疏除双穗、小穗、弱穗和过密、过小的果粒，以提高葡萄的商品性。

三、适时套袋、采收

花后 2～3 周进行套袋，以防止病虫、鸟、蜂危害及果面污染。葡萄成熟后适时采收，以取得较高的品位和价值，避免过早采收，影响糖度和着色，降低商品性。

四、病虫防治

贯彻"预防为主，无病先防"的原则，以农业、生物防治为主。清理果园病枝、病果，保持架面通风透光，去掉嫩梢、老叶；按照病虫害发生的规律，科学、对症、轮换使用化学农药。葡萄发芽前喷 5 波美度石硫合剂；生长季节喷 3～4 次 1∶（0.7～1）∶200 倍波尔多液，3～4 次杀虫剂农药；花前喷 800 倍科博＋600 倍多菌灵；坐果后喷 600 倍科博，保护叶片。

附录 6　金手指葡萄避雨栽培试验*

摘要：避雨栽培是在葡萄架的顶部覆盖塑料薄膜进行的栽培管理，具有设备简单、投资小、见效快等特点。长江以南葡萄产区大面积推广应用，北方地区尚处在示范推广阶段，大泽山鲜食葡萄

---

* 引自山西果树，2011，6.

产区先后在“泽香”、“金手指”篱架栽培葡萄进行试验示范，均取得了病害降低，经济效益提高的效果。

关键词：病害　金手指　篱架葡萄　避雨栽培

一、试验材料

避雨栽培以大泽山地区篱架栽培的“金手指”葡萄为试材，顺行搭建简易塑料小棚雨天进行覆盖避雨，研究其对葡萄病虫害发生情况，以及对果实品质的影响。

供试材料为 4 年生“金手指”葡萄，篱架栽培，株行距为 2 m×0.8 m；遮雨棚为拱棚，水泥柱距 6 m、柱高 1.2 m，棚高 1.8 m，跨度 1.25 m，采用绑横柱拉铁丝固定聚乙烯薄膜，采取雨天盖膜，晴天拢起等管理措施。

二、试验方法

选择同一地块，树势相近的 6 行葡萄，其中 3 行为避雨栽培，3 行为露地栽培作为对照，除用药外，其他管理相同。

三、试验结果与分析

(1)病害。叶部调查分别于 6 月上中旬、7 月上中旬和 8 月上中旬，每个处理随机选择 5 株葡萄，每株调查 10 个当年抽生新蔓，调查全部叶片，按分级的方法记录各级病叶数及总叶数。见表 1。

表 1　叶片调查表

处理	总叶数	叶片数及病害程度					
		0 级	1 级	3 级	5 级	7 级	9 级
避雨栽培	111	59	32	12	7	1	0
露地栽培	116	11	43	31	16	9	6

注：0 级无病斑；1 级病斑占叶面积的 5%以下；3 级病斑占叶面积的 6%～25%；5 级病斑占叶面积的 26%～50%；7 级病斑占叶面积的 51%～75%；9 级病斑占叶面积的 76%以上。

(2)果穗调查分别于8月上、中旬分两次随机选择5株葡萄，每株调查3个果穗，记录总穗数、各级病粒的发病指数。见表2。

表2　果实调查表

处理	总粒数	粒数及发病程度					
		0级	1级	3级	5级	7级	9级
避雨栽培	104	52	31	15	6	0	0
露地栽培	97	24	17	23	16	9	8

注：0级无病斑；1级病粒占果穗5%以下；3级病粒占果穗6%～15%；5级病粒占果穗16%～25%；7级病粒占果穗26%～50%；9级病粒占果穗51%以上。

(3)用药、肥料。调查记录整个生长期的用药和施肥成本，计算出每亩投入费用。见表3。

表3　用药、肥料成本调查表　元/亩

处理	农药	肥料	增减
避雨栽培	1 362	2 100	678
露地栽培	2 040	2 100	

(4)糖度。于葡萄成熟期，随机选择10个果穗，每穗任意摘取3个果粒，将所有果粒果汁挤出混合在一个小烧杯内，蘸取混合液用手持糖量计进行测定糖度。见表4。

表4　糖度测定调查表　度

处理	糖度
避雨栽培	23.1
露地栽培	23.2

(5)经济效益。避雨栽培经济效益＝果实单价×亩产量－避雨棚成本－用药、肥料成本。

露地栽培经济效益＝果实单价×亩产量－用药、肥料成本。见表5。

表 5　经济效益调查表

处理	产量 (kg/亩)	单价 (元/kg)	用药成本 (元/亩)	肥料成本 (元/亩)	避雨棚成本 (元/亩)	经济效益 (元/亩)
避雨栽培	1 384	60	1 362	2 100	1 160	78 418
露地栽培	1 213	60	2 040	2 100	0	68 640

四、小结

避雨栽培可明显降低葡萄病害，亩增加经济效益 9 778 元，有较高的推广应用价值。但仍需加强关键时期的防治措施，即谢花后（6 月上中旬）病菌初染阶段，果穗形成及果粒膨大期（6 月下旬至7 月上旬）病菌侵染阶段，封穗期（7 月中旬至 8 月上旬）病菌危害盛期及成熟期（8 月中下旬）的病害防治，采用保护性与内吸性杀菌剂交替使用，以减轻病菌侵染，降低病情指数。

附录 7　盛果期葡萄管理技术要点*

摘要：葡萄枝蔓生长量大，当年枝条可达 4～5 m，粗度 2 cm 以上。进入盛果期后，若栽培管理不善，枝条出现枝蔓旺长，贮备营养不足，枝条不成熟，芽眼不饱满，花器官发育不良，落花落果等现象；若修剪留枝量过多、枝条密挤、通风透光不良，则出现结果部位外移上升，中下部枝条衰弱，结果力下降，病虫害增多，产量、质量难以正常维持。

关键词：盛果期　管理技术　葡萄

一、土肥水管理制度化

葡萄属高磷钾果树，果实采收后至发芽前增施有机肥，前期适

* 引自中外葡萄与葡萄酒，2004，4.

量追施氮肥，中后期多施磷钾肥，可促使枝条充实，花芽分化良好，减少落花落粒，提高果实成熟、着色及内在品质。

1. 基肥

盛果期葡萄管理应从树体营养积累阶段进行，即葡萄采收后，在生长行间开沟一次性施足基肥，常用基肥包括厩肥、堆肥、禽粪、鱼肥、饼肥、人粪尿、土杂肥、绿肥等。若施用土杂肥，每亩施优质土杂肥 5 000 kg 以上，混施果树专用肥 50～80 kg，根据生产 1 kg 葡萄 2～3 kg 基肥，若肥源不足可用铡碎的作物秸秆、杂草代替，并混施部分速效 N 肥，促使秸秆、杂草腐熟转化；秋季早施基肥，葡萄根系尚未停止生长，受伤根系极易愈合，并有充分时间腐熟分解，可显著增加土壤腐殖质含量，改善土壤团粒结构，增加通透性与肥力，保持叶功能旺盛生长，光合产物积累增多，树体贮备养分足，为第 2 年葡萄萌芽、开花、结果和新梢生长提供必要的营养物质。

2. 追肥

先氮后磷钾是盛果期葡萄获得优质丰产的基础。葡萄生长前期稳定地供应大量元素，适时补充微量元素，可显著改善树体营养状况。据调查，盛果期葡萄施用 N、P、K 比率为 1∶(0.5～0.7)∶1 为宜，6 月底前适当追施部分 N 肥，可增强树势，提高叶片同化功能，取得“以氮增碳”的效果。但后期不要再施 N 肥，可每亩追施磷酸二氢钾 30～40 kg，果穗成熟前再施 10～15 kg；并根据生长发育情况，土施微量元素，确保后期果穗成熟和树体营养物质的积累。

3. 根外追肥及补充微量元素

盛果期葡萄进行叶面补肥，可弥补根系吸收量不足。同时所喷肥料不受生长中心的限制，应结合喷药，每隔 10～15 d 进行一次叶面喷施，前期喷 0.3%～0.5%尿素，后期喷 0.3%～0.5%磷酸二氢钾，以增加叶片生长、延缓衰老，提高光合效率，达到枝芽充实饱满，果粒成熟、增质。

4. 浇水

根据土壤墒情和葡萄不同需水期，重点浇好封冻水、花前水、坐果后果粒膨大期三次关键水，确保葡萄安全越冬及生长发育对水分的需要。

二、整形修剪规范化

盛果期葡萄整形修剪与栽植株行距、架式密度相关，应根据葡萄生长结果情况，合理确定枝、叶、花、果的留量。

(1)红地球等高档、大粒品种适合于小棚架栽培。每亩冬剪后留芽 0.8 万～1 万个，产量控制在 1 250 kg 左右，留单穗，每穗 50～60 粒葡萄，采用独龙干整形，新梢直接着生果穗，并延迟到花后摘心，营养枝与结果枝比为 1∶3，叶果比为 60∶1，叶果粒比为 1∶1。

(2)盛果期篱架葡萄结果部位上升、外移，有效结果枝减少，应采用短梢修剪，冬剪留 2～4 节，并重缩弱枝，留基部 1～2 芽培养预备枝。每亩留母枝 1 800 条左右，生长季节新梢控制在 3 800 条左右，果穗 3 500 个左右，标准果穗 500～1 000 g，产量控制在 1 500～2 000 kg 之间，营养枝与结果枝比为 1∶4，叶果比为 40∶1，叶果粒比为 1∶1.5。

(3)限产提质、稳定主蔓数量。应依据枝蔓长势强弱，合理调整营养生长与结果量的关系。掌握疏除衰弱枝、病虫枝、多次萌发无用新梢；留下的枝条要压强扶弱，强枝斜绑、弱枝直绑、过强枝环割。采用环割技术阻止叶片合成的碳素营养向下输送，供应果穗生长。据调查，花前 5～6 d 在花序下节间环剥可提高坐果率 30%以上，幼果膨大期环剥果粒增大，浆果停长后环割果实增质。

三、病虫害防治标准化

(1)休眠期应结合冬剪,认真清理病枝、病叶、病穗,并集中深埋烧毁。葡萄发芽前地面枝干喷布 3～5 波美度石硫合剂,铲除越冬病虫害。

(2)葡萄展叶后喷 78%科博 500 倍液保护,6～7 月份喷 2～3 遍半量式 200 倍波尔多液保护或 70%甲基托布津 800 倍液治疗;花后喷 78%科博 500 倍液保护混配高渗灭杀净 1 500 倍液治虫;果实成熟前用 75%百菌清可湿性粉剂 800 倍液或 50%福美双 600 倍液或 50%多菌灵可湿性粉剂 600 倍液交替使用;葡萄采收后选用 80%喷克 800 倍液保护叶片,霜霉病严重的园喷 72%杜邦克露粉剂 600～800 倍液或 85%疫霜灵粉剂 600～700 倍液,防治效果极佳。

附录 8　老盛葡萄庄园红地球质量调查*

一、资源概况

平度市大泽山镇老盛葡萄庄园创建于 1997 年,占地面积 35 hm^2,栽植红地球葡萄 28.5 hm^2。葡萄园群山环绕,年平均温度 11.9℃,极端高温 36.8℃,极端低温 17.9℃,最热 7 月份平均气温 25.3℃,最冷 1 月份平均气温 −3.5℃,全年≥10℃积温 4 146℃,3～6 月份总积温高于镇外 200℃以上;年降雨量 667.5 mm,降雨主要集中在 6～7 月份;年无霜期 200 d 左右,初霜期在 10 月下旬,终霜期多在翌年 4 月上旬;特定的地貌、地形、良好的气候环境;土壤棕壤,含沙砾率高,透气性好,辐射力强,昼夜温差大,适合

* 引自果农之友,2006,8.

于红地球葡萄生长发育及浆果成熟。

据 2005 年采收后调查统计，28.5 hm^2 红地球葡萄园，总产 37.2 万 kg，优质果率达 92.4％，缺陷果占 5.3％，病果占 2.3％，产品质量上乘，据折光测糖高达 17.8％，2006 年葡萄套袋前调查，平均果枝率占 68.7％，亩平均产量可达 1 320.5 kg，红地球葡萄在大泽山的成功栽培，为该地区葡萄产业的进一步发展，提供了经验和样板。

二、限产提质

红地球葡萄因穗大、粒重、风味好、色泽鲜艳、耐贮运等优点，在大泽山老盛庄园作为主栽品种。据调查记载，红地球葡萄的生长规律，4 月 10 日前开始萌芽，5 月 20 日初花，花期 10 d 左右。前期叶片不大。栽培中提高叶面积系数、改善光照条件是枝蔓管理应遵循的主要原则。老盛葡萄庄园采用整体控制数量，重点调整果穗、果粒，使营养数与结果数控制在 1∶4，叶穗比(30～40)∶1，叶粒比 1∶(1.5～2)。据调查：6 年生红地球，花枝率达 84.8％，结果枝率 68.7％，结果系数 1∶3，双穗率 14.1％。葡萄生长后期，对下垂老叶和影响透光的细弱枝适当摘除、疏掉，并注意对多次萌发无用的新梢剪除，促进果穗、枝条的进一步成熟。

三、防病、套袋

红地球葡萄套袋应建立在综合管理的基础上。据抽样检测，老盛葡萄庄园土壤有机质含量较高，6 年生盛果期园土壤有机质含量超过 1.2％；据调查，老盛葡萄庄园病虫害防治也较规范、及时、到位。5 月下旬，雨季来临前土壤撒药消毒杀菌，即用 1 份福美双，1 份硫磺粉，2 份碳酸钙，每亩葡萄园撒 1.5～2.0 kg，主要撒在葡萄根颈部两侧各 30 cm，撒药后进行划锄；发芽后连续喷 2 遍 78％科博 600 倍液进行葡萄植株及周围环境杀菌保护；谢花后至套袋前喷 70%甲基托布津 800 倍液进行内吸杀菌，葡萄长到豆粒大小(花后 15～20 d)进行全园套袋，选择晴天上午 8 时以后到下午落日以前套袋，不留小穗和不套袋穗，据调查:套袋成功率达 97.7%，并注意套袋后叶部病害的防治。

四、适熟采收

大泽山作为古老的鲜食优质葡萄产区，目前栽培面积最大的是玫瑰香、泽香两个品种，部分鲜食品种栽培表现一般，没有特点。因此，对引种栽培的葡萄除气候条件、管理经验、技术等综合因素外，应重点考虑葡萄成熟期的降雨量，以及冬、夏两季的极端温度等指标，而不是所有的品种都适合，都能在大泽山成功栽培。

据多年对红地球葡萄栽培调查，大泽山地区成熟期一般在 9 月下旬至 10 月上旬，从红地球葡萄的生长发育到成熟所达到的品质指标，都表现优良。分析原因，由于降雨量多集中在 6～7 月份，虽雨水较多，但气温不高，到红地球成熟降雨量较少；且秋高气爽，昼夜温差大，有利于葡萄的色泽、风味的发育。见表 1。

表 1　红地球成熟期调查表

采摘时间	产量(kg/亩)	色泽	穗重(g)	粒重(g)	可溶性固形物(%)
9 月 25 日	1 508	浅红	973	12.1	16.2
10 月 3 日	1 533	深红	1 014.6	13.8	17.8

五、埋土防寒

葡萄采收后枝蔓仍有一段生长发育过程，10 月底至 11 月上旬气温大降，叶片营养大部分回流枝根部，带叶修剪后，立即埋土防寒。据调查，红地球较巨峰、泽香两品种，在大泽山地区抗寒能力差。见表 2。

表 2　6 年生红地球冻害调查表　%,kg

年份	埋土防寒		未埋土防寒					
	红地球		泽香		巨峰		红地球	
	冻害率	产量	冻害率	产量	冻害率	产量	冻害率	产量
2002	3.3	1 508	55	1 681	45	826.4	70	597
2004	0	1 533	40	1 724.2	35	1 030	51	829

小结:红地球葡萄栽培应在综合管理的基础上,重点搞好限产提质,即每亩限产在 1 500～2 000 kg 的范围,做好以套袋为主要措施的防病;掌握适熟采收,带叶修剪后埋土防寒等技术。

附录 9　大泽山鲜食葡萄及栽培技术*

摘要:葡萄是大泽山的历史名特产,因栽培历史长和产品优而久有盛名。据《平度州志》记载,清朝康熙五年(1666 年)已把葡萄列为当地主要物产之一,“民国”二十五年(1936 年)《续平度县志》载:“果之物,葡萄最多,多运出境,‘穷氓’赖此度生。”新中国成立后,葡萄生产得到了迅速的恢复和发展,到 1978 年葡萄栽培面积达到了 3.5 万亩,占果园总面积的 25%,随着农业结构的调整和产业化发展,葡萄作为平度农业的主导产业规模发展,截止到 2008 年底统计,全市葡萄面积 11.7 万亩,产量 1.0 亿 kg,分别占果园总面积的 30%,总产量的 20%。大泽山葡萄作为很有地方特色的经济作物,2008 年被市委、市政府作为重点项目“生态果品示范园”开发建设。

一、葡萄栽培结构

大泽山原产野生葡萄属三大种群中的东方种群,被广泛用于

* 引自山西果树,2009,4.

嫁接砧木，欧亚种群葡萄品质优良，决定了在葡萄栽培中的统治地位。大泽山葡萄栽培以欧亚种为主，美洲及欧美杂交种次之，由于适应环境的差异和长期的自然选择，部分品种得到了推广应用，以矢富罗莎、红双味、乍娜、农科1、2、3号等为代表的早熟；玫瑰香、巨峰、金手指、江北紫地球为代表的中晚熟；泽香、泽玉、红地球为代表的极晚熟；鲁贝无核、克瑞森为代表的优系无核，优化了大泽山葡萄的栽培结构。

二、葡萄栽培地理环境

1. 葡萄产区气象条件

大泽山葡萄栽培地理位置东经119°17′，北纬36°28′～37°04′，年平均气温12.2℃，极端最高气温36.8℃，极端最低气温−18.3℃；年平均日照时数2 700.7 h，日照百分率占61%，大于0℃的日照时数为2 172 h，占全年日照时数的80.42%；大于10℃的日照时数为1 673.3 h，占全年日照时数的61.96%，太阳平均辐射总量为125.5 kcal/cm^2，≥0℃的有效积温为4 653℃，≥10℃的有效积温为4 106℃；年无霜期196 d；葡萄成熟期间8～9月份，昼夜温差分别为16.4℃、21.3℃，有利于葡萄光合产物的制造和积累，造就了大泽山葡萄色、香、味俱佳。

2. 葡萄产区水质条件

大泽山葡萄产区年平均降雨量为609.9 mm，降雨多集中在6～7月份，除早熟品种温室栽培外，大部分葡萄成熟期间降雨较少；地表水总量为3.73亿m^3，地下水资源2.75亿m^3，一般年份水资源可利用量为4.12亿m^3，水质无污染。全年雨量分布：3～7月份降雨量少，葡萄前期发病较轻，7月至8月上旬是集中降雨季节，约占全年的50%，正值葡萄生长时期，需水量较多。8月下旬以后降雨量减少，天高气爽，对于促进葡萄成熟，提高品质极为有利。

3. 葡萄产区土壤条件

大泽山葡萄产区土质多为花岗岩及片麻岩的风化冲积物，颗粒粗润、疏松、空隙大，耕性好，土层厚度多为 30～60 cm，在 20 cm 表层土中有机质含量在 0.7～1.0 之间，碱解氮 50～90 mg/kg，速效磷 5～40 mg/kg，有效钾 60～100 mg/kg，土壤多为沙壤、砾质土，含矿物质多，是葡萄生长发育的重要营养元素；通气性能好，吸热能力强，昼夜温差大等，有利于葡萄对养分的吸收，运转、积累和贮存。

4. 葡萄产区地形地貌

葡萄产区主要分布在大泽山脉的低山丘陵，四周山峦环绕，形成一道天然屏障，缓冲了来自北方的低温寒气，葡萄不埋土冻害很少，同时，由于葡萄园地涧斜沟横，大小不等的盆地和川夼形成了优越的小气候区，春季回暖早，4～6 月份总积温高于外地 200℃以上，葡萄发芽早，生长发育期长，各类葡萄均能充分成熟。

三、葡萄栽培技术

大泽山葡萄取得较高的等级和品位，除特定的气候、水质、土壤条件外，认真选择栽培优良品种和在适宜区域扩大种植，以及采用配套技术措施，是成功的关键。

1. 良种栽培

(1)选择优质、丰产、高档早熟品种进行保护地栽培，解决高温多雨引发的果穗病害和果粒裂口，如：乍娜、香妃、维多利亚、6-12、金手指等。

(2)选择优质、丰产耐贮品种，特别适合进行秋延迟栽培的极晚熟品种，如红地球、高妻、泽香、泽玉等。

(3)选择抗病，抗寒优质丰产的葡萄品种，如巨峰、摩尔多瓦、玫瑰香、高妻、金星无核等。

(4)选择抗病、优质丰产的无核品种。如奇妙无核、金星无核、克伦生无核、安艺无核、无核早红、青提、优无核等。

(5)选择色香艳丽的大粒葡萄品种，如红地球、巨峰、高妻、巨玫瑰等。

(6)选择适合当地栽培的主栽葡萄品种。如红地球、泽香、泽玉、玫瑰香、乍娜等。

2.良法管理

(1)改良土壤，培肥地力，适时浇水。植葡萄推广“1 年壮苗、2 年结果、3 年丰产”的栽培技术。即运用催根、合理密植，栽前开深沟改土，增施有机肥等措施，保证当年苗全、苗壮，获得早期产量；结果园基肥于 9 月底 10 月上旬葡萄采收后开沟施入，即每生产 1 kg 葡萄追 2～3 kg 优质土杂肥，每亩施 100 kg 复合肥；结合浇水追 2～3 次速效肥。每隔 10～15 d 喷一遍叶面肥，以补充种类营养；根据土壤墒情和葡萄需水期，浇好封冻水、花前水、坐果后果粒膨大 3 次关键水，确保葡萄安全越冬和产量、质量的提高。

(2)科学管理。根据新植葡萄园的立地条件和品种生长结果习性，合理确定栽培形式，一般篱架亩栽 330～400 株，采用自由扇形或单株双臂整枝；棚架亩栽 160～200 株，推广应用“独龙干”整枝，适时抹芽、定梢、摘心，培养丰产优质的树体结构；结果葡萄每亩果穗控制在 4 000 穗左右，花前摘除 1/5～1/4 穗尖，剪除分散、超长的穗肩、穗轴，花后 1 周整理穗形、疏粒，生理落果结束后进行套袋。

(3)综合病虫防治。贯彻“防重于治”的方针，随时剪除发病部位，消除病源，发芽前喷 3～5 波美度石硫合剂，铲除越冬病虫害，展叶后喷 78%科特 500 倍液，6～7 月份喷 2～3 遍半量式 200 倍波尔多液或 70%甲基托布津 800 倍液；花后喷 78%科特 500 倍液或多菌灵 500 倍液。葡萄成熟前选用百菌清 800 倍液，以增强防病治病效果。

(4)埋土防寒。葡萄不耐低温，芽眼、枝蔓和根系易遭受冻害，除加强综合管理，培养健壮树势，增强抗冻害能力外，在冬剪结束后，对不耐冻的品种应将枝蔓埋土防寒，以免造成损失。

附录10　葡萄栽培中的问题与管理技术*

摘要：平度市大泽山是山东省葡萄集中产区，现有种植面积1.0万 hm^2，其中鲜食品种0.86万 hm^2，占栽培面积的85%以上，主栽品种"泽香、玫瑰香、红地球"等。由于施肥的时期、方法、种类、数量等技术环节不够规范，长期大量使用无机肥料，造成土壤板结，有机质含量下降，微量元素匮乏，葡萄根系分布浅，正常的萌芽、开花、坐果，新梢生长及花芽形成，果粒膨大，产量质量受到影响；在整形修剪，枝蔓管理方面，不区别品种特性、栽培特点，根据栽培形式、架式来合理确定结果母枝、新梢、果穗的留量。因而，部分园片营养生长与生殖生长矛盾突出；在病虫害防治方面，由于对病虫害的发生时期、规律、最佳防治时机把握不准，农药防治范围、对象、配药浓度比例，药效与温度、湿度、光照、套袋、配药容器、喷片孔大小、用水量、农药持效期以及喷药均匀度等因素，都不同程度地影响病虫害防治效果。

一、施肥方式

大泽山葡萄栽培传统的施肥方式是基肥冬春开沟深施，近几年采用果实采收后撒施深翻，以促发新根和扩大吸收范围，一般盛果期园每亩控产2 000～2 500 kg，施优质土杂肥3 000～5 000 kg，混果树专用肥50～100 kg，如果肥源不足可用铡碎的作物秸秆补充。

---

* 引自山西果树，2011，3.

1.秋施基肥

果实采收后，气温较高时施入。葡萄栽植后长期生长在一块地里，不能经常轮作，对土壤养分的吸收利用，易造成同种“偏食”问题。因此，养根壮树，提高贮藏营养尤为重要，要选择经过无害化处理的腐熟有机肥料。据调查：秋施基肥，肥料有充分时间腐熟，新根发生率占 84.7%，根吸收功能的提高，促进花芽发育充实，树体较高的贮备营养和早春土壤养分的及时供给，可满足发芽、展叶、开花、坐果、新梢生长和果实膨大。而冬春追施基肥，由于气温低，大量未经腐熟的肥料进行无氧分解，使土壤发生一氧化碳或甲烷、硫酸氢等还原物质，新根发生率仅占 34.3%，所断 1 cm 以上根系全年难以愈合。

2.合理追施化学肥料

葡萄在一定的限度内增施氮肥，可改善叶片的光合性能，起到以氮增碳，增进树势和产量的作用。通常葡萄园每年追肥 3～4 次。芽眼膨大，根系活动前进行第一次追肥，促使花芽继续分化，芽内迅速形成第二、三花穗，以氮肥为主，施肥量占全年 15%左右；谢花后，幼果开始膨大前，以氮肥为主，配合使用磷钾肥，施肥量占全年 20%左右，果粒着色初期，以磷钾肥为主，提高果粒糖度，改善浆果质量，施肥量占全年 10%左右；果实采收后，以恢复树势，促进同化作用和根系生长，增加树体和根系的养分贮备，以氮、磷、钾配合使用。

3.叶面补肥

叶面喷肥是弥补根系吸收不足的应急措施，由于营养元素不受生长中心的限制，直接进入枝叶，分配均衡，一般花前喷 0.2%～0.3%硼砂溶液，初花期和坐果后喷 0.3%～0.5%硼砂＋0.3%～0.5%尿素＋0.5%白糖，提高坐果率；封穗后喷 0.2%～0.4%磷酸二氢钾或过磷酸钙 3～4 次，可促进着色，增进品质；喷微量元素可矫正缺素症。

二、调整营养生长与生殖生长之间的关系

1. 根据品种特性,合理确定母枝留量

据多年调查,“玫瑰香”、“泽香”萌芽率均高达95%、果枝率80%,结果系数1.38~2.14,而红地球则属于不留成花品种。2005年结果枝率占36.7%,2006年采用“双枝更新”,选择生长势中庸偏弱枝留1~2节超短梢修剪,结果枝采用3~5节中短梢修剪,结果枝率达68.3%,因此,采用中短梢修剪,第2年发梢后,依据花序多少,通过抹芽调节留枝、留穗量,解决结果量不足的问题。

2. 按产留枝留穗

葡萄萌芽率和成花枝率均高,但并非所有品种都可获得理想的产量,应根据栽培地物候期,充分考虑品种的成熟期、抗逆性和采收时所能达到的产量、质量指标,据大泽山老盛红提葡萄庄园调查:6年生红地球萌芽率占82.1%,成花枝率占69.4%,每亩新梢4 000个左右,留穗3 500个左右,产量控制在2 250~2 300 kg。

3. 适时摘心

结果枝在果穗8片叶摘心,营养枝12片叶摘心,结果枝与营养枝顶部副梢第1次6片叶摘心,第2次3片叶摘心,即“6.3”摘心法,其他副梢第1次3片叶摘心,以后副梢一律2片叶摘心即“3.2”摘心法,适应于大部分品种。

4. 整穗、疏粒、套袋

一般在花序伸长,少数花蕾则散开时进行整穗,疏除歧肩和部分副穗,掐穗尖1/4,果粒黄豆大小时,疏除密生小粒,畸形粒,受伤粒,然后选择白色木浆单层纸袋,红地球规格380 mm×280 mm,底部有透水孔。

三、科学病虫防治

1. 防治原则

根据病虫害发生时期、规律和农药防治对象、范围，特别要依据果实发育的不同时期和病虫发生的密度，有针对性地选择最有效的农药制剂、类型，而不能凭习惯、经验、推测进行病虫害防治。

保护性农药：保护性杀菌剂具有保护作用，必须在病原物侵入寄主以前使用，以保护植株及周围环境，杀死或阻止病原物以侵入，起到防治病害的作用。其特点是不能进入植物体内，对已侵染的病原物无效。如波尔多液，铜离子可以破坏病菌细胞中的原生质，使病原菌蛋白质凝固变性；有机杀菌剂具有破坏病原菌细胞中酶的活性及氧化还原作用；保护性农药不产生抗性，可连续使用。

内吸性农药：当病原菌已侵入或已发病时，必须用内吸剂杀菌处理，使感染的病原物被杀死或受到抑制。其特点：能内吸渗透到植物体内，但易产生抗性，应经常更换品种。一般无机杀菌剂最易产生药害，有机和抗生素类产生药害较轻，植物源杀菌剂不产生药害。

抗生素类制剂本身无杀菌作用，主要对病原菌产生强烈的抑制，对枝干、叶部病害防治效果好，在葡萄上一般用于发芽前或发病初期。

2. 主要病虫害及其防治

贯彻病虫害防治一体化方针，弄清楚病虫害发生时期、过程，传染途径及有效防治办法，避免滥配或随意提高农药的使用浓度。

(1)根部病害及其防治　防治根部病害应从土壤、肥水管理，剪除被害病根等方面进行，用硫酸铜 100 倍液或 5 波美度石硫合剂伤口消毒，或用 70％甲基托布津 500 倍液，40％甲醛 100 倍液，50％多菌灵 500 倍液晒根后灌根处理。

(2)枝干病害及其防治　蔓枯病危害蔓和新梢，基部枝蔓最易发病；根瘤病则发生在根颈及2年生以上老蔓上，防治时先刮除病斑，切除病瘤，用石硫合剂原液或果康宝20～30倍液消毒；枝蔓白腐病用30～50倍福美双、退菌特涂抹。

(3)叶果部病害及其防治：

①黑痘病　主要危害绿色幼嫩组织，属葡萄前期病害。一般早春气温2℃以上，潮湿多雨的环境发病严重。防治上，展叶3～4片喷80％喷克600倍液；花前1～2 d喷50％多菌灵600倍液或70％甲基托布津800倍液；谢花后至幼果膨大喷78％科博600倍液或80％必备400倍液；套袋后喷1∶(0.5～0.7)∶200倍波尔多液2～3遍，发病较重的园喷40％杜邦福星800～1 000倍液。

②霜霉病　主要危害叶片，重时也危害果穗。属葡萄中后期病害，一般潮湿多雨、大雾、露水，昼夜温差大易发病。防治上，早春出土上架前喷5波美度石硫合剂，气温达到13～15℃时加强喷药，花前1～2 d喷50％多菌灵600倍液，70％甲基托布津800倍液；小幼果期喷78％科特600倍液，50％多菌灵500倍液；果粒膨大期喷科备400倍液＋80％乙膦铝600倍液或58％雷多米尔600倍液；套袋后喷1∶0.7∶200倍波尔多液与70％杜邦可露800倍液交替使用。

③炭疽病　主要危害果粒，属葡萄后期病毒，阴雨潮湿易发病。防治上，花前喷78％科博600倍液；花后至幼果期喷70％甲基托布津800倍液，80％大生M-45 800倍液，25％炭特灵700倍液；套袋后喷1∶(0.5～0.7)∶200倍波尔多液与25％炭特灵交替使用。

④白腐病　主要危害老熟枝蔓，以果穗危害最重，属中后期病害，土壤潮湿、阴雨易发病。防治上，发芽前喷5波美度石硫合剂或5％克菌丹200倍液；发芽后喷75％百菌清600～800倍液；开花前喷80％大生M-45 800倍液或70％甲基托布津800倍液；谢花后至果粒膨大期喷70％甲基托布津800倍液，50％多菌灵600

倍液;12.5%禾果利 3 000 倍液,套袋后与 1∶0.7∶200 倍波尔多液交替使用。

⑤褐斑病　大泽山地区 2005 年 6 月中旬发病,7～9 月份严重发病,防治上喷 10%宝丽安 1 000 倍液或 80%大生 M-45 800 倍液。

3. 主要虫害及其防治

(1)刺吸式害虫　主要有绿盲蝽、二星叶蝉、蚧壳虫、螨类等。防治上用 10%歼灭 3 000～5 000 倍液,10%吡虫啉 5 000 倍液,0.9%阿维虫清 5 000 倍液,48%乐斯本 1 500 倍液,30%蜡蚧灵 1 000 倍液,1.8%齐螨素 3 000 倍液,敌死虫 400 倍液。

(2)食叶害虫　主要有刺蛾、天蛾、金龟子等。防治上喷 50%辛硫磷 1 000 倍液,4.5%高效氯氰菊酯 1 500 倍液,50%杀螟松 1 500 倍液。

(3)枝干害虫　主要有天牛、透翅蛾等。防治上主要剪除被害病枝,树干涂白、灯光诱杀、刮除虫卵、刺杀、毒杀幼虫,用 80%敌敌畏 1 000 倍液,针管注射后堵塞排毒孔,或用 50%杀螟松 1 000 倍液喷布杀灭初孵化未入蛀的幼虫。

选择大小适宜的配药容器,农药要进行二次稀释,喷雾器喷片要细,喷药要达到雾化,用河水、湾水或沉放水,不要用刚提上来的井水,用水要适量,达到均匀、周到,不浪费农药。

不要雇请他人代替喷药,讲究质量、效果。

参考文献

晁无疾.葡萄优质高效栽培指南.北京:中国农业出版社,2000.

王忠跃,晁无疾. 无公害葡萄生产中的病虫害防治.北京:中国农业出版社,2001.

昌云军,管雪强.葡萄.北京:中国农业大学出版社,2005.

昌云军.葡萄新品种新技术.北京:台海出版社,2001.

昌云军,王连起.中国大泽山葡萄.北京:中国农业出版社,2002.

昌云军,王家斌.新疆葡萄科学栽培技术.北京:中国农业出版社,2006.

王连起,张书辉.最新葡萄栽培实用技术.北京:台海出版社,2006.

穆维松,冯建英.中国葡萄产业经济研究.北京:中国农业大学出版社,2010.

晁无疾.葡萄新优品种及栽培.北京:中国农业出版社,2003.

温秀云.葡萄79种病虫害防治.北京:中国农业出版社,2001.

姜建福,刘崇怀.葡萄新品种汇编.北京:中国农业出版社,2010.

敏涛,章巧萍.葡萄健康魔法书.南昌:江西科学技术出版社,2008.

刘洪章.葡萄水平平行双母蔓Y形架栽培技术研究.山西果树,2004,4(1):22-24.